电力工程及智能电网技术应用

彭葛桦　李　俊　钟庭剑　著

吉林科学技术出版社

图书在版编目（CIP）数据

电力工程及智能电网技术应用 / 彭葛桦，李俊，钟庭剑著． -- 长春：吉林科学技术出版社，2023.7
ISBN 978-7-5744-0813-5

Ⅰ．①电… Ⅱ．①彭… ②李… ③钟… Ⅲ．①电力工程一研究②智能控制一电网一研究 Ⅳ．① TM7

中国国家版本馆 CIP 数据核字（2023）第 177123 号

电力工程及智能电网技术应用

著 彭葛桦 李 俊 钟庭剑
出 版 人 宛 霞
责任编辑 周振新
封面设计 树人教育
制 版 树人教育
幅面尺寸 185mm×260mm
开 本 16
字 数 270 千字
印 张 12.25
印 数 1–1500 册
版 次 2023年7月第1版
印 次 2024年2月第1次印刷

出 版 吉林科学技术出版社
发 行 吉林科学技术出版社
地 址 长春市福祉大路5788号
邮 编 130118
发行部电话/传真 0431-81629529 81629530 81629531
81629532 81629533 81629534
储运部电话 0431-86059116
编辑部电话 0431-81629518
印 刷 三河市嵩川印刷有限公司

书 号 ISBN 978-7-5744-0813-5
定 价 87.00元

前　言

目前，相量测量装置（PMU）和广域测量系统（WAMS）已广泛应用。我国大区电网互联实现了区域电网之间互为备用、紧急事故支援、促进电力市场开发等联网效益。但随着电网规模的扩大、电网结构的复杂化，以及各种新型输电技术的采用，电力系统的动态行为更加复杂，我国互联电网面临着复杂严峻的问题，智能互联电网全范围动态过程的监测、分析与控制技术研究的重要性不言而喻。

随着能源问题和环境问题的日益突出，发展低碳经济、建设生态文明、实现可持续发展，成为人类社会的普遍共识，开发清洁的可再生能源资源已成为世界各国经济和社会可持续发展的重要战略。为协调大电网与分布式发电间的矛盾，最大限度地发掘分布式发电在经济、能源和环境中的优势，学者提出了微电网的概念。微电网是将分布式发电、负荷、储能装置及控制装置等结合，形成的一个单一可控的供电系统。它可以降低馈线损耗、增加本地供电可靠性、提高能源利用的效率等。

随着智能电网的发展，微电网及其关键技术成为世界各国关注的热点。本书知识体系结构严谨，极具参考借鉴性，便于读者在掌握理论知识的同时更好的将其应用于实践之中，希望能为我国电力系统的广域监测与控制贡献一分力量。由于笔者水平有限，加上时间仓促，难免有不足之处，希望大家批评指正。

目　录

第一章　电力系统概述

第一节　电力工业在国民经济中的地位和我国电力工业的发展

电力工业是国民经济的重要部门之一，它既为现代工业、现代农业、现代科学技术和现代国防提供必不可少的动力，又和广大人民群众的日常生活有着密切的关系。电力是工业的先行。电力工业的发展必须优先于其他的工业部门，整个国民经济才能不断前进。

据记载，世界上第一个发电厂是于1882年在美国纽约市建立的，机组容量只有30kW。此后，随着生产和科学技术的进步，电力工业有了迅速的发展，特别是近二三十年发展得更快。据统计，到1982年年底为止，全世界的发电厂的总装机容量已达223307万kW，最大电力系统容量已超过52000万kW，最高交流输电电压已超过1000kV，最高直流输电电压已超过±500kV，最远输电距离已超过1000km。从世界各国经济发展的进程来看，国民经济每增长1%，就要求电力工业增长1.3%~1.5%。因此，一些工业发达的国家几乎是每7~10年（个别的为5~6年）装机容量就要增长一倍。

我国具有极其丰富的能源资源。全国水能资源的蕴藏量为68000万kW（其中可开发利用的约为37000万kW），居世界首位。此外，煤、石油、天然气等资源也很丰富。这些优越的自然条件为我国电力工业的发展提供了良好的物质基础。但是，旧中国的电力工业却是非常落后的，到新中国成立前夕，全国的总发电能力还不到200万kW。解放后，在党和政府的领导下，我国的电力工业有了很大的发展。新中国成立初期，我国的电力工业居世界第二十五位，经过三十多年建设，1985年全国发电设备的总装机容量已达8000万kW以上，年发电量达4000亿kWh。目前，我国的电力工业已跃升到世界第五位。我们不仅已经在黄河上建起了刘家峡等大型水力发电厂，在长江上建起了葛洲坝水力发电厂，还在一些煤炭基地建成了大型坑口火电厂，第一座大型核电厂也正在建设中，中小型发电厂则更是星罗棋布，遍布全国。我们已相继建成了几条 500kV 超高压输电线路，±500kV 级的超高压直流输电线路也正在建设中。到 1982 年年底为止，全国总装机容量在 100 万 kW 以上的电力系统已达 12 个，其中包括 7 个跨省电力系统。所有这些都说明了我国电力工业建设的成就是巨大的。

但是，我国的电力工业与世界上一些发达国家相比仍有相当大的差距，按每人平均用电量来说还是相当落后的，即使从国内经济建设来看，也未能很好地起到先行作用，尚不能满足国民经济发展和人民生活的需要。所以，摆在我国电力工作者面前的一个重要任务就是在党和政府的领导下，充分开发利用我国丰富的能源资源、大力加速电力工业的建设，为在本世纪内初步实现我国的四个现代化而做出应有的贡献。

第二节　电力系统的组成和特点

一、电力系统的形成和优越性

（一）电力系统的形成

在电力工业发展的初期，发电厂都建设在用户附近，规模很小，而且是孤立运行的。随着生产的发展和科学技术的进步，用户的用电量和发电厂的容量都在不断增大。由于电能生产是一种能量形态的转换，发电厂必须建设在动力资源所在地，而蕴藏动力资源的地区与电能用户之间又往往隔有一定距离。例如，水能资源集中在河流落差较大的偏僻地区，热能资源则集中在盛产煤、石油、天然气的矿区；而大城市、大工业中心等用电部门则由于原材料供应、产品协作配套、运输、销售、农副产品供应等原因以及各种地理、历史条件的限制，往往与动力资源所在地相距较远，为此就必须建设升压变电所和架设高压输电线路，而当电能输送到负荷中心后，必须经过降压变电所降压，再经过配电线路，才能向各类用户供电。

随着生产的发展和用电量的增加，发电厂的数目将不断增加。这样一来，一个个发电厂孤立运行的状态再也不能继续下去了。当一个个地理上分散在各处、孤立运行的发电厂通过输电线路、变电所等相互连接形成一个"电"的整体以供给用户用电时，就形成了现代的电力系统。换句话说，电力系统就是由发电厂、变电所、输配电线路直到用户等在电气上相互连接的整体，它包括了从发电、输电、配电直到用电这样一个全过程。另外，还把由输配电线路以及由它所联系起来的各类变电所总称为电力网络（简称电网），所以，电力系统也可以看作是由各类发电厂和电网以及用户所组成的。

为了要进一步了解电力系统的组成，就必须了解发电厂、电力网和变电所的组成、分类等情况，关于发电厂的类型及其生产过程将在下一节中介绍。这里先简单介绍一下电力网和变电所的类型。

电力网按其供电范围的大小和电压等级的高低可分为地方电力网、区域电力网以及超海压远距离输电网络等三种类型。地方电力网是指电压不超过 35kV、输电距离在几十千米以内的电力网，主要是一般城市、工矿区、农村的配电网络。风域电力网则把范围较广地区的发电厂联系在一起，而且输电线路也较长、用户类型也较多。目前在我国，区域电力网主要是电压为 110~220kV 级的电力网，基本上各省（区）都有。超高压远距离输电网络主要由电压为 330kV 及以上的远距离输电线路所组成，它担负着将远区发电厂的功率送往负荷中心的任务，同时往往还联系几个区域电力网以形成跨省（区）的，甚至国与国之间的联合电力系统。

下面再谈谈变电所的类型。电力网中的变电所除了升压、降压的分类方法外，还可分为枢纽变电所、中间变电所和末端变电所（又名终端变电所）等。枢纽变电所一般都容量较大，处于联系电力系统各部分的中枢位置，地位重要；中间变电所则处于发电厂和负荷中心之间，从这里可以转送或抽引一部分负荷；终端变电所一般都有降压变电所，它只是负责供应一个局部地区的负荷而不承担转送功率。

（二）系统联系的得失

实践证明，当各孤立运行的发电厂通过电力网连接起来形成并联运行的电力系统后，将在技术经济上带来很大好处，下面将分别叙述。

1. 减少系统中的总装机容量。由于负荷特性、地理位置等的不同，电力系统中各发电厂孤立运行的最大负荷并不是同时出现的，因此系统的综合最大负荷常小于各个发电厂单独供电时的最大负荷的总和，从而相应地可减少系统中的总装机容量。

2. 合理利用动力资源，充分发挥水力发电厂的作用。如果不形成电力系统，很多能源就难以得到充分利用。例如，水力发电厂的出力决定于河流的来水情况，而水流情况却是多变的，很难与电力负荷相适应，往往枯水季节出力不足，而在丰水季节却要弃水。当水力发电厂联入电力系统以后，它的运行情况就可以与火电厂相互配合调剂，在丰水季节，可以让水力发电厂尽量多发电以减少火力发电厂的出力，节省燃料；而在枯水季节则让水力发电厂担负尖峰负荷，火力发电厂则担负固定的基本负荷。这样既充分利用了水能资源，又提高了火力发电厂的运行效率，降低了煤耗。

3. 提供电的可靠性。通常，孤立运行的发电厂必须单独装设一定的备用容量，以防止机组检修或事故时中断对用户的供电。但当联成电力系统后，随着系统容量的增大，不仅可以减少备用机组的台数与容量，提高设备的利用率，而且不同发电厂之间在电厂或线路事故时还可以相互支援，因而也提高了供电可靠性。

4. 提高运行的经济性。除了前述可以充分利用动力资源外，在电力系统中还可以通过在各发电厂之间合理地分配负荷，使得整个系统的电能成本降低。另外，随着系统容量的增大，使得有可能采用单台容量较大的大型发电机组，从而降低了单位千瓦造价和运行损耗。以上这些因素都提高了系统运行的经济性。

从上述可知，随着系统联系的扩大，显著地提高了运行的可靠性与经济性。因此，不妨可以把电力事业的发展史就看成电力系统不断扩展与增强联系的历史。但是，随着电力系统的日益壮大、联系的日益增强，由于一处发生故障而波及广大地区的情况也越易发生。这种事故波及现象可以说是联成系统后所带来的缺点。另外，系统短路也将随着系统容量的增大而不断增加，甚至达到设备所不能容许的程度。因此系统联系的增强将是有限度的，并不意味着在所有场合下都是系统规模越大就越好。应当区别不同情况以适当的方式、按照适当的程度来实现系统的联系。

二、电力系统的特点以及对电力系统的要求

（一）电力系统的特点

电能生产本身所固有的特点以及联成电力系统后所出现的新问题，决定了电力系统与其他工业部门有着许多不同的特点，其中主要有以下几点。

1. 电能不易贮藏。由于电能生产是一种能量形态的转换，就要求生产与消费同时完成。迄今为止，尽管人们对电能的贮存进行了大量的研究，并在一些新的贮聚电能方面（如超导 Ie 能、燃料电池贮能等）取得了一定的突破性进展，但是仍未能解决经济的离效率的大容量贮能问题。因此电能难于贮存，可以说是电能生产的最大特点。

从电能难于贮存的这个特点出发，在运行时就要求经常保持电源和负荷之间的功率平衡；在规划设计时则要求确保电力先行，否则其他工厂即使建成也无法投产。再者，由于发电和用电同时实现，还使得电力系统的各个环节之间具有十分紧密的相互依赖关系。不论变换能量的原动机或发电机，或输送、分配电能的变压器、输配电线路以及用电设备等，只要其中的任何一个元件故障，都将影响到电力系统的正常工作。

2. 电能生产与国民经济各部门和人民生活有着极为密切的关系。现代工业、农业、交通运输业等都广泛用电作为动力来进行生产，可以把电力系统视为各工业企业共同的"动力车间"。此外，在人民的日常生活中还广泛使用各种电器用具。随着现代化的进展，各部门中电气化的程度将越来越高。因而，电能供应的中断或不足，不仅将直接影响生产，造成人民生活紊乱，在某些情况下甚至会酿成极其严重的社会性灾难。

3. 过渡过程十分短暂。由于电是以光速传播的，所以运行情况发生变化所引起的电磁口方面和机-电方面的过渡过程是十分迅速的。电力系统中的正常操作（如变压器、输电线的投入运行或切除）是在极短时间内完成的；用户的电力设备（如电动机、电热设备等）的启停或负荷增减也是很快的；电力系统中出现的故障（如短路故障、

发电机失去稳定等过程）更是极其短暂的，往往只用微秒或毫秒来计算时间。因此，不论是正常运行时所进行的调整和切换等操作，还是故障时为切除故障或为把故障限制在一定范围内以迅速恢复供电所进行的一系列操作，仅仅依靠人工操作是不能达到满意效果的，甚至是不可能的。必须采用各种自动装置来迅速而准确地完成各项调整和操作任务。电力系统的这个特点给运行、操作带来了许多复杂的课题。

4.电力系统的地区性特点较强。由于各个电力系统的电源结构与资源分布情况和特点有关，而负荷结构却与工业布局、城市规划、电气化水平等有关，至于输电线路的电压等级、线路配置等则与电源与负荷间的距离，负荷的集中程度等有关，因而各个电力系统的组成情况将不尽相同，甚至可能很不一样。例如，有的系统以水力发电厂为主，而有的系统则以火力发电厂为主（或完全没有水力发电厂），有的系统电源与负荷距离近、联系紧密，而有的系统却正好相反，等等。因而，在系统规划设计与运行管理时，必须针对系统特点从实际出发来进行，如果盲目地搬用其他系统或外国系统的一些经验而不加以具体分析，则必将违反客观规律，造成错误。

（二）对电力系统的要求

从电力系统上述特点出发，电力工业在国民经济中的地位和作用，决定了对电力系统有下列基本要求：

1.最大限度地满足用户的用电需要，为国民经济的各个部门提供充足的电力。为此，首先应按照电力先行的原则做好电力系统发展的规划设计，认真搞好电力工业建设，以确保电力工业的建设优先于其他的工业部门；其次，还要加强现有设备的维护，以充分发挥潜力，防止事故的发生。

2.保证供电的可靠性。这是电力系统运行中的一项极为重要的任务。运行经验表明，电力系统中的整体性事故往往是由局部性事故扩大而造成的。所以，为保证供电可靠性，首先要保证系统各元件的工作可靠性，这就需要搞好设备的正常运行维护和定期的检修试验。其次，要提高运行水平，防止误操作的发生，在事故发生后应尽量采取措施以防止事故扩大等等。

应当指出，要绝对防止事故的产生是不可能的，而各种用户对供电可靠性的要求也是不一样的。因此，必须根据实际情况区别对待这些不同类型的用户。对于某些重要用户（如某些矿井，连续生产的化工厂、冶炼厂等），停电将会带来人身危险、设备损坏和产生大量废品等后果，故在任何情况下都必须保证供电不发生中断（计划停电除外）。对于其他用户则可以容许不同程度的短时停电。通常，根据用户对可靠性的要求，可以将用户分为下列三类：

（1）一类用户。如果对这类用户停止供电，就会带来人身危险，设备损坏，产生大量废品，长期破坏生产秩序，给国民经济带来巨大的损失或造成重大的政治影响。

（2）二类用户。如果对这类用户停止供电，就会造成大减产，工人窝工，城市公用事业和人民生活受到影响等。

（3）三类用户。三类用户指不属于第一类、第二类的其他用户，短时停电不会带来严重后果，如工厂附属车间用电等。

当系统发生事故，出现供电不足的情况时，就应当首先切除三类用户的用电，以保证一、二类用户的用电。通常，对一类用户都设置有两个或两个以上的独立电源，以便在任一电源故障时，对用户的供电不致中断。

3. 保证电能的良好质量，主要是维持电压和频率的偏差不超出一定的范围。

4. 保证电力系统运行的经济性。要使电能在生产、输送和分配过程中效率高、损耗小以期最大限度地降低电能成本。电能成本的降低不仅意味着能源资源的节省，还将影响到各用电部门成本的降低，因而给整个国民经济所带来的好处是很大的。

把上述各点归纳起来可知：保证对用户不间断地供给充足、可靠、优质而又廉价的电能，这就是电力系统的基本任务。

第三节　发电厂的类型及其生产过程简介

发电厂一般根据能源来分类。以往，电力系统中主要是水力发电厂和火力发电，从 20 世纪 60 年代以来，核能发电厂的建设逐年增加，在一些国家的电力系统中已占据有相当的比重。下面将分别介绍这三类发电厂的简况。

一、火力发电厂

火力发电厂是以煤、石油、天然气等作为燃料，燃料燃烧时的化学能被转换为热能，再借助汽轮机等热力机械将热能变换为机械能，并由汽轮机带动发电机将机械能变为电能。迄今为止，在世界上的绝大多数国家中，火力发电厂在系统中所占的比重都是较大的。据统计，全世界发电厂的总装机容量中，火力发电厂占了 70% 以上。

火力发电厂所用燃料种类较多。由于煤素称"黑色的金子"，优质煤还是冶金、化工等部门所必需，我国目前的方针是尽量利用低质煤来发电。在世界上其他一些国家由于燃料供求关系等原因，也有不少火力发电厂主要是用石油或天然气做燃料的。我国的煤矿资源极其丰富，根据我国的能源政策，在相当一段时期内，火力发电厂的燃料主要是用煤。

火力发电厂按其作用来分有单纯发电的和既发电同时又兼供热的这样两种类型，前者即指一般的火力发电厂，后者称为供热式火力发电厂（或称热电厂）。一般火力发电厂应尽量建设在燃料基地或矿区附近，将发出的电用高压线路送往负荷中心，这样既避免了燃料的长途运输，提高了能时输送的效益（燃料中的灰分、杂质可就地处理而不必为此耗费运输力量），还防止了对大城市周围地区的环境污染。通常把这种火力发电厂称为"坑口电厂"，这是今后建设大型火力发电厂（特别是烧低质煤的火力发电厂）的主要方向。热电厂的建设是为了提高热能的利用效率，它由于要兼供热，所以必须建在大城市或工业区域附近。

一般火力发电厂多采用凝汽式汽轮发电机组，故又称凝汽式发电厂，其生产过程大致如下。

煤先由输煤皮带运送到锅炉房的煤斗中，再由煤斗进入磨煤机被磨成煤粉，在热空气的输送下，经助燃器送入燃烧室内燃烧。助燃空气由送风机先送入空气预热器加热为热空气，其中一部分热空气进入磨煤机以干燥和输送煤粉，另一部分热空气则进入燃烧室助燃。在燃烧室内燃料着火燃烧并放出热量，其热量的一部分将传给燃烧室四周的水冷壁、并在流过水平烟道内的过热器及尾部烟道内的省煤器、空气预热器时，继续把热量传给蒸汽，水和空气；而被冷却后的烟气则经除尘器除去飞灰，由引风机从烟囱排入大气。另外，通常用水把由斜炉下部排出的灰渣和由除尘器下部排出的细灰冲到灰渣泵房，经灰渣泵传往贮灰场。

在水冷壁中产生的蒸汽在流经过热器时进一步吸收烟气的热量而变为过热蒸汽，然后通过主蒸汽管道被送入汽轮机。进入汽轮机的蒸汽，膨胀做功推动汽轮机的转子旋转，将热能变为机械能。汽轮机带动发电机旋转，将机械能再变为电能。在汽轮机内做功后的排汽将进入凝汽器内放出汽化热而凝结为水，凝结水再由凝结水泵经由低压加热器加热送入除氧器。除氯后的水由给水泵打入高压加热器加热，进一步提高温度后送入锅炉。以后又重复上述过程，并不断地生产出电能。

将汽轮机的排汽冷凝为水是由循环水泵把冷却水送入凝汽器来实现的。冷却水经循环水泵打入凝汽器的循环水管中，在吸收了蒸汽的热量后，经排水管排出，从而将热量带走。通常，由于循环水系统带走很大一部分热能，因此一般凝汽式发电厂的效率是不高的，目前比较先进的指标也只达到37%~40%。

为了提高这种发电厂的效率，人们自然想到能否尽量减少被循环水所带走的热能，而把做过功的蒸汽中所含的热能也充分利用起来，这就是发展供热式发电厂的原因。供热式发电厂与凝汽式发电厂不同的地方只是在汽轮机的中段抽出了供热能用户的蒸汽，而这些蒸汽实际上已经在汽机中做了一部分功，再把这些蒸汽引到一个给水加热器去加热供热力用户的用水，或把蒸汽直接送给热力用户。这样一来，进入凝汽器内的蒸汽量就大大减少了，于是循环水所带走的热量消耗也就相应地减少，从而提高了热效率。据报道，现代化大型供热式电厂的效率可达60%~70%以上，从供电和供热的全局来看，可节约燃料 20%~25%。由于供热网络不能太长，所以供热式发电厂总是建设在热力用户附近。此外，为了使供热式发电厂维持较高的效率，当需热量多时，发电厂必须相应多发电；需热量少时，则发电出力也减少。因而，这类发电厂在电力系统中的运行方式远不如凝汽式发电厂灵活。

二、水力发电厂

水力发电厂是利用河流所蕴藏的水能资源来发电，水能资源是最干净、价廉的能源。水力发电厂的容量大小决定于上下游的水位差（简称水头）和流量的大小。因此，水力发电厂往往需要修建拦河大坝等水工建筑物以形成集中的水位差，并依靠大坝形成具有一定容积的水库以调节河水流量，根据地形、地质、水能资源特点等的不同，水力发电厂的型式是多种多样的。

水力发电厂的生产过程要比火力发电厂简单。由拦河坝维持在高水位的水，经压力水管进入螺旋形蜗壳推动水轮机转子旋转，将水能变为机械能，水轮机转子再带动发电机转子旋转，使机械能变成电能。而做完功的水则经过尾水管排往下游；发电机发出的电则经变压器升压后由高压输电线送至用户。由于水力发电厂的生产过程较简单，故所需的运行维护人员较少，且易于实现全盘自动化。再加之水力发电厂不消耗燃料，所以它的电能成本要比火力发电厂低得多。此外，水力机组的效率较高，承受变动负荷的性能较好，故在系统中的运行方式较为灵活；水力机组起动迅速，在事故时能有力地发挥其后备作用。再者，随着水力发电厂的兴建，往往还可以同时解决发电、防洪、灌溉、航运等多方面的问题，从而实现河流的综合利用，使国民经济取得更大的效益。水力发电厂的另一个优点是不像火力发电厂、核能发电厂那样存在环境污染问题。但是，由于水力发电厂需要建设大量的水工建筑物，所以相对于火力发电厂来说，建设投资较大，工期较长，占用劳力也较多。特别是水库还将淹没一部分土地，给农业生产带来一定不利影响。加之水力发电厂的运行方式还受气象、水文等条件的影响，有丰水期、枯水期之别，发电出力不如火电厂稳定，也给电力系统的运行带来一定不利因素。另外，随着大型水电工程的兴建，还可能在一定程度上破坏了自然界的生态平衡，所有这些都是水力发电厂存在的问题。

如前所述，我国具有极其丰富的水能资源，但根据新近的统计，已开发的还不到可开发总量的 5%，而世界上一些工业发达国家的水能资源却已基本上开发殆尽。目前我国尚有一些自然条件优越，投资少、收效快的水能资源急待开发。据规划，今后准备在金沙江、长江干流、黄河上游、大渡河、澜沧江、沅江等河流上建设十来个大型水力发电基地，并以这些基地为中心，依靠超高压输电线路建立起若干个跨省的现代化大电网。

三、核能发电厂

核能的利用是现代科学技术的一项重大成就。它为人类提供了一种新的巨大的能源。由于煤、石油等燃料的贮量有限，加之一些国家的水能资源已基本开发殆尽，故从50代起一些国家就转向于研究核能发电。从1954年世界上第一个核能发电厂建成迄今全世界已有20几个国家先后建成了总共300多个核能发电厂，总容量在2亿千瓦以上。目前，从全世界看，核能电厂的容量已占总发电设备容量的10%以上，而且不包括正在建设或已定货的核能发电厂的容量。近年来，一些资源贫乏的发达国家由于受"能源危机"的冲击，迫使它们不得不走核能发电的道路，这是促使它迅速发展的主要原因。

核能发电的基本原理是这样的：核燃料在反应堆内产生核裂变，即所谓链式反应，释放出大量热能，由冷却剂（水或气体）带出，在蒸汽发生器中将水加热为蒸汽，然后同一般火力发电厂一样，用蒸汽推动汽轮机，再带动发电机发电。冷却剂在把热量传给水后，又被泵打回反应堆里去吸热，这样反复使用，就可以不断地把核裂变释放的热能引导出来。核能发电厂与火力发电厂在构成上的最主要区别是前者用核-蒸汽发电系统（反应堆、蒸汽发生器、泵和管道等）来代替后者的蒸汽锅炉。所以核电厂中的反应堆又被称为原子锅炉。

根据核反应堆的型式不同，核能发电厂可分为好几种类型。目前使用较广的轻水堆型（包括沸水堆和压水堆）核能发电厂的反应堆是用水作为冷却剂。在沸水堆内，水被直接变成蒸汽，它的系统构成较为简单，但有可能使汽轮机等设备受到放射性污染，以致使这些设备的运行、维护和检修复杂化，为了避免这个缺点，采用压水堆。这时，增设了一个蒸汽发生器，从反应堆中引起的高温的水在蒸汽发生器内将热量传给另一个独立回路的水使之加热成卷温蒸汽以推动汽轮发电机组旋转。由于在蒸汽发生器内两个回路是完全隔离的，所以就不会造成对汽轮机等设备的放射性污染。

核能发电厂的主要优点之一是可以大盘节省煤、石油等燃料。例如，一座容量为50万kW的火力发电厂每年至少要烧掉150万t煤，而同容量的核能发电厂每年只要消耗20t的铀燃料就够了，从而可避免大量的燃料运输。核能发电厂的另一个特点是燃烧时不需要空气助燃，所以核能电厂可以建设在地下、山洞里、水下或空气稀薄的高原地区。此外，从发电厂的建设投资和发电成本来看，核能发电厂的造价虽较火力发电厂要高，但发电成本比火力发电厂要低30%~50%，它的规模越大单位千瓦投资费用下降越快。据国外资料介绍，如建设一座50万kW的发电厂，则核能发电厂较之一般火力发电厂更为合算。

核能发电厂的主要问题是对放射性污染的担心。以往尽管在发电厂建设时已采取了相应的措施，但放射性污染事故仍有发生。目前在技术上已能够较好地解决污染的防护问题以及放射性废弃物的处理问题。虽然世界上对核能发电厂的建设（主要是其安全性）还存在着争论，但是在"能源危机"的冲击之下，对一些资源贫乏的发达国家来说，别无其他的选择，唯有继续执行建设核能发电厂的计划。因此，预计在今后相当一段时间内，对核能发电有关技术的研究，仍将是人们所关注的中心。

第四节　电能的质量指标

通常衡量电能质量的主要指标是电压和频率，其次是波形。

一、电压

电压质量对各类用电设备的安全经济运行都有直接的影响。对照明负荷来说，白炽灯对电压的变化是很敏感的。当电压降低时，白炽灯的发光效率和光通盘都急剧下降；当电压上升时，白炽灯的寿命将大为缩短。例如，电压额定值降低 10%，则光通量减少 30%；电压额定值上升 5%，则寿命缩减一半。

对电力系统的负荷中大量使用的异步电动机而言，它的运行特性对电压的变化也是较敏感的。当输出功率一定时，异步电动机的定子电流、功率因数和效率随电压而变化的特性，当端电压下降时，定子电流增加很快。这是由于异步电动机的最大转矩是与其端电压的平方成正比的。当电压降低时，电机转矩将显著减小，以致转差增大，从而使得定子、转子电流都显著增大，导致电动机的温度上升，甚至可能烧毁电动机；反之，当电压过高时，对于电动机、变压器一类具有激磁铁芯的电气设备而言，铁芯破密将增大以致饱和，从而激磁电流与铁耗都大大增加（这种状态称为过激磁），以致电机过热，效率降低，波形变坏，甚至可能产生高频谐振。

对电热装置来说，这类设备的功率也与电压的平方成正比，自然过高的电压将损伤设备，过低的电压则达不到所需要的温度。

此外，对电视、广播、电传真、雷达等电子设备来说，它们对电压质量的要求更高。电子设备中的各种电子管、半导体元件、磁芯装置等的特性，对电压都极其敏感，电压过高或过低都将使特性严重改变而影响正常运行。例如，对收音机与电视机来说，电压过高将损坏，电压过低将影响灵敏度与收听（看）效果。

由于上述各类用户的工作情况均与电压的变化有着极为密切的关系，故在运行中必须规定电压的容许变化范围，这也就是电压的质量标准。据统计，目前世界上许多国家根据运行实践所规定的电压容许变化范围均为额定电压的±5%，少数国家也有

高到 ±10% 或低到 ±3% 的。

我国目前所规定的用户处的容许电压变化范围为：

（1）由 35kV 及以上电压供电的用户 ±5%。

（2）由 10kV 以下的高压供电的用户和低压电力用户 ±7%。

（3）低压照明用户 +5%~ –10%。

由于电力网中存在电压损失，为了保证电压质量合乎标准，需要采取一定的调压措施。

二、频率

频率的偏差同样将严重影响电力用户的正常工作。对电动机来说，频率降低将使电动机的转速下降，从而使生产率降低，并影响电动机的寿命；反之，频率增高将使电动机的转速上升，增加功率消耗，使经济性降低。特别是某些对转速要求较严格的工业部门（如纺织、造纸等），频率的偏差将大大影响产品质量，甚至产生废品。另外，频率偏差对发电厂本身将造成更为严重的影响。例如，对锅炉的给水泵和风机之类的离心式机械，当频率降低时其出力将急剧下降，从而迫使锅炉的出力大大减小，甚至紧急停炉，这样就势必进一步减少系统电源的出力，导致系统频率进一步下降。另外，在频率降低的情况下运行时，汽轮机叶片将因振动加大而产生裂纹，以致缩短汽轮机的寿命。因此，如果系统频率急剧下降的趋势不能及时制止，势将造成恶性循环以致整个系统发生崩溃。

此外，频率的变化还将影响到电钟的正确使用以及计算机、自控装置等电子设备的准确工作等等。

目前世界各国对频率变化的容许偏差的规定不一，有的国家规定为不超过 ±0.5Hz，也有一些国家规定为不超过 ±（0.1~0.2）Hz。我国的技术标准规定电力系统的额定频率为 50Hz，而频率变化的容许偏差为 ±（0.2~0.5）Hz。

从同步电机的原理可知，不论系统容量的大小、范围的广阔，在电力系统中，任一瞬间的频率值全系统是一致的。在稳定运行情况下，频率值决定于所有机组的转速。而机组的转速则主要决定于输出功率与输入功率的平衡情况。所以，要保证频率的偏差不超过规定值，首先应当维持电源与负荷间的有功功率平衡，其次还要采取一定的调频措施，即通过调节使有功功率恢复平衡来维持频率的偏差在规定范围之内。

三、波形

通常，要求电力系统的供电电压（或电流）的波形应为正弦波。为此，要求发电机首先发出符合标准的正弦波形电压。其次，在电能输送和分配过程中不应使波形产生畸变（例如，当变压器的铁芯饱和时，或变压器无三角形接法的线圈时，都可能导致波形畸变）。此外，还应注意消除电力系统中可能出现的其他谐波源（如整流装置，输电线的电晕等

当电源波形不是标准的正弦波时，必然包含着各种高次谐波成分。这些谐波成分的出现将大大影响电动机的效率和正常运行，还可能使系统产生高次谐波共振而危及设备的安全运行。此外，谐波成分还将影响电子设备的正常工作并造成对通信线的干扰以及其他不良后果等等。

通常，保证严格的波形的问题在发电机、变压器等的设计制造时即已考虑并采取了相应的措施。因此，只要在运行时严格遵照有关规程，保证波形质量是不成多大问题的。但是，随着电力系统的发展和扩大，还要注意新出现的一些谐波源并及时采取措施加以消除，只有这样才能保证波形质量。

第五节　电力系统的接线方式和电压等级

一、电力系统的接线方式

（一）系统电力发展的基本结构型式

近代电力系统的接线是很复杂的，这是由于一个具有一定规模的电力系统常常是逐步发展壮大的，往往包括了各种新旧设备，反映了新老技术的配合，这也算是电力系统的又一个特点，下面首先从发展的角度来研究系统结构的基本型式。通常，根据电源位置、负荷分布等的不同，电力系统的结构是各不相同的，但大致可区别为下列两类：

1.大城市型。这类系统是以向大城市为中心的负荷密度很高的地区供电的电力系统，它以围绕城市周围的环形系统作为主干。其电源中既有一些地区性火电厂，也有从远方水电厂、矿口火电厂以及核能电厂输送来的功率。

2.远距离型。这类系统一般是指通过远距离输电线路把远处的大型水电厂、矿口火电厂、核能电厂的功率送往负荷中心的开式系统。这种大容量、远距离的功率输送，既可以用超高压交流输电线路，也可以用超高压直流或交、直流并列的输电线路。这类线路的特点是远距离输电的稳定性与可靠性较为突出。

（二）电力网络的接线

电力网络的接线大致可以分为无备用和有备用两种类型。

1.无备用接线。用户只能从一个方向取得电源的接线方式。这类接线方式分为无

备用放射式、无备用干线式和无备用树枝式等。

无备用接线的主要优点是简单、经济、运行方便，主要缺点是可靠性差。所以，它不能用于一类负荷占较大比的场合，依继电保护与自动装置相配合，它可以适用于向二类负荷供电。

2. 有备用接线。它是指用户可以从两个或两个以上方向取得电源的接线方式，如双回路的放射式、干线式以及闭式网络、两端电源网络等。

有备用接线的特点是供电可靠，缺点是运行操作和继电保护复杂，经济性较差，但是对一、二类负荷供电，应当优先考虑采用有备用接线。

二、电力系统的电压等级

（一）电力系统的额定电压等级

我们知道，电力系统中的电机、电器和用电设备都规定有额定电压，只有在额定电压下运行时，其技术经济性能才最好，也才能保证安全可靠运行。此外，为了使电力工业和电工制造业的生产标准化、系列化和统一化，世界上的许多国家和有关国际组织都制定有关于额定电压等级的标准。

（1）发电机的额定电压较用电设备的电压高出 5%。

（2）变压器的一次线圈（原线圈）是接受电能的，可以看成是用电设备，其额定电压与用电设备的额定电压相等，而直接与发电机相连接的升压变压器的一次侧电压应与发电机电压相配合。

（3）变压器的二次线圈（副线圈）相当于一个供电电源，它的空载额定电压要比用电设备的额定电压高出 10%，但在 3.610kV 电压时，如采用短路电压小于 7.5% 的配电变压器则二次线圈的额定电压仅高出用电设备电压 5%。

下面简单说明一下为什么发电机、变压器的原、副线圈的额定电压各不一致以及它们与用电设备的额定电压之间的关系。如前所述，根据保证电能质量标准的要求，用户处的电压波动一般不得超过其额定电压的 ±5%。当传输电能时，在线路、变压器等元件上，总会产生一定的阻抗压降。

对于变压器来说，其一次侧接电源，相当于用电设备，二次侧向负荷供电，又相当于发电机。所以它的一次侧电压应等于用电设备的额定电压；只有当发电机出口就与升压变压器连接时，升压变压器的一次侧电压才应与发电机电压相配合，这时它的额定电压应比用电设备高出 5%。由于变压器本身还有阻抗压降，为了保证电能质量，在制造时就规定变压器的二次线圈电压一般应该比用电设备的额定电压高出 10%，只有当内部阻抗较小时，其二次线圈电压才可以较用电设备的额定电压高出 5%。

二、电压等级的选择

输配电网络额定电压的选择在规划设计时又称电压等级的选择，它是关系到电力系统建设费用的高低、运行是否方便、设备制造是否经济合理的一个综合性问题，因而是较为复杂的。下面只做一简略的介绍。

我们知道，在输送距离和传输容量一定的条件下，如果所选用的额定电压越高，则线路上的电流越小，相应线路上的功率损耗、电能损耗和电压损耗也就越小。并且可以采用较小截面的导线以节约有色金属。但是电压等级越高，线路的绝缘越要加强，杆塔的几何尺寸也要随导线之间的距岗和导线对地之间的距离的增加而增大。这样线路的投资和杆塔的材料消耗就要增加。同样线路两端的升压、降压变电所的变压器以及断路器等设备的投资也要随着电压的增高而增大。因此，采用过高的额定电压并不一定恰当。一般来说，传输功率越大，输送距离越远，则选择较高的电压等级就比较有利。

通常，一般把 330kV 以上电压的输电线路称为超高压输电线路，而把 750kV 以上电压的输电线路则称为特高压输电线路。

第六节　电力系统的负荷和负荷曲线

一、负荷与负荷特性

1. 负荷的构成

通常，把用户的用电设备所取用的功率称之为"负荷"。因此，电力系统的总负荷就是系统中所有用电设备所消耗功率的总和。它们大致分为异步电动机、同步电动机、电热电炉、整流设备、照明设备等若干类别，在不同的用电部门与工业企业中，上述各类负荷所占的比重是各不相同的。

另外，把用户所消耗的总用电负荷再加上网络中损耗的功率就是系统中各个发电厂所应供给的功率，把它称为系统的供电负荷。供电负荷再加上发电厂本身所消耗的功率就是系统中各个发电厂所应发出的总功率。

2. 负荷特性

负荷特性是指负荷功率随负荷端电压或系统的频率变化而变化的规律，又有静态特性与动态特性之分。静态特性是指进入稳态后，负荷功率与电压或频率的关系；动态特性是指在电压、频率变化过程中的负荷功率与电压、频率的关系。另外，由于负荷的有功功率与无功功率变化对电压、频率的影响各不相同，所以负荷特性还分为有功特性与无功特性两种。

上述负荷的静态电压、频率特性可用来分析有功、无功负荷变化对电压、频率的影响，与研究调压、调频的措施有着直接的关系。

二、电力系统的日负荷曲线及其用途

通常把负荷随时间变化的情况用图形来表示就称为负荷曲线。不同类型的用户其负荷曲线是很不相同的。一般来说，负荷曲线的变化规律取决于负荷的性质、厂矿企业的生产情况、班次、地理位置、气候等许多因素。钢铁工业为三班制连续生产，因而负荷曲线很平坦；食品工业多为一班制生产，因而负荷曲线变化幅度较大；农副业加工负荷每天往往只是持续一段时间；而市政生活用电的最大特点则是具有明显的照明用电高峰。

负荷曲线除了用来表示负荷功率随时间变化的关系外，还可用来计算用户取用电能的大小。在某一时间 α 内用户所取用的电能 $\triangle A$ 为该时间内用户的有功功率 P 和 $\triangle t$ 的乘积。

负荷曲线对电力系统的运行十分有用，电力系统的计划生产主要是建立在预测的负荷曲线的基础之上的。通常，为了事先安排电力系统中各个电厂的生产（要求各个电厂在某个时刻应开几台机组，发多少电量等），必须事先由电力系统调度所（指挥和协调电力系统中各个发电厂生产的一个部门）制定出电力系统每天的预测负荷曲线。这种负荷曲线常绘制成阶梯形。为了向各发电厂分配发电任务，应该在预测的负荷曲线上再加上电力系统在各个时刻自身的耗电量（如线路损耗，电厂和变电所的自用电等）即可得出总的发电负荷曲线。有了这个总的负荷曲线，调度所就可以根据各个发电厂的特点具体分配一昼夜的发电任务。一般来说，对于热效率高的火力发电厂、核电厂总是希望它担任基本负荷；因为这类发电厂担任较大的变动负荷时，热效率将大为降低，对于供热式火力发电厂由于其发电出力的大小受热力负荷所决定，所以它在负荷曲线上所占据的位置是相对固定不变的。至于尖峰负荷一般都是由水力发电厂来担任，这是由于水力机组开停方便，且负荷波动时机组效率降低不大。另外，作为能质的水不用时还可贮存在上游水库中，也不会造成浪费，对于负荷曲线最顶上的尖峰部分，可以利用热效率低的小厂每天短时发电来承担。但是，应当指出，以上这种发电任务分配方式并不是一成不变的。例如，洪水季节就应该充分利用水力发电厂发电以尽量减少火力发电厂的出力，节约燃料，这时水力发电厂应该担任基荷发电厂，以使电力系统的经济性效益达到最大。

三、电力系统的年负荷曲线和年最大负荷利用小时数

在电力系统的运行和设计中，不仅要知道一昼夜内负荷的变化规律，而且要知道一年之内负荷的变化规律，最常用的是年最大负荷曲线。它反映了从年初到年终的整个一年内的逐月（或逐日）综合最大负荷的变化规律。如果季节性负荷（农业排灌，空调制冷等）的比重较大，则也可能使反季的最大负荷反而超过冬季，这种情况在国内外的实际系统中也是不少的。至于年终的负荷较年初为大，则是各工矿企业为超额完成年度计划而增加生产，以及新建、扩建厂矿投入生产的结果。年最大负荷曲线可以用来决定整个系统的装机容量，以便有计划地扩建发电机组或新建发电厂。此外，还可利用负荷较小的时段来安排发电机组的检修计划。

此外，在电力系统的分析计算中还常常用到所谓年负荷持续曲线、它是按照全年的负荷变化，根据各个不同的负荷值在一年中的累计持续时间而排列组成的。例如，曲线中的4点反映了在一年内负荷值超过Pl的累计持续时间为3小时。

最后，根据运行需要，有时还需要制定日无功负荷曲线、电压变化曲线、月最大负荷曲线等各种类型的负荷曲线，其原则与上述相同，就不再一一述及了。

第二章　发电厂和变电所的一次系统

第一节　电气主接线图

一、概述

发电厂和变电所的电气主接线图是由各种电气设备的图形符号和连接线所组成的表示电能生产流程的电路图，从主接线图可以了解各种电气设备的规范、数量、连接方式和作用，以及各电力回路的相互关系和运行条件等。主接线的选择正确与否，对电气设备选择，配电装置布置、运行的可靠性和经济性等都有重大的影响。通常，发电厂和变电所的主接线应满足下列基本要求：

（1）根据系统和用户的要求，保证必要的供电可靠性和电能质量。在运行中供电被迫中断的机会越少或事故后影响的范围越小，则主接线的可靠性就越高。

（2）主接线应具有一定的灵活性以适应电力系统及主要设备的各种运行工况的要求，此外还要便于检修。

（3）主接线应简单明了、运行方便，使主要元件投入或切除时所需的操作步骤最少。

（4）在满足上述要求的条件下投资和运行费用最少。

（5）具有扩建的可能性。

在绘制主接线图时，对电气设备应当采用国家标准规定的统一符号。

电气主接线图一般都用单线图（用一根线表示三相）绘制，只有在个别地方必须同时绘出三相时，才用三线图来表示。

二、主接线的基本形式

（一）单母线接线

发电厂和变电所的主接线的基本环节是电源（发电机或变压器）和引出线。母线（又称汇流排）是中间环节，它起着汇总和分配电能的作用。由于多数情况下引出线数目要比电源数目多好几倍，故在二者之间采用母线连接既有利于电能交换，还可使接线简单明显和运行方便，整个装置也易于扩建。但有母线将使配电装置复杂，并且当母线故障时将使供电中断。

只有一组母线的接线称为单母线接线。单母线接线图，这种接线的特点是电源和供电线路都连接在同一组母线上。为了便于投入或切除任何一条进、出线，在每条引线上都装有可以在各种运行工况下开断或接通电路的断路器。当需要检修断路器而又要保证其他线路正常供电时，则应使被检修的断路器和电源隔离，为此，又在每个断路器的两侧装设隔离开关。它的作用只是保证检修断路器时和其它带电部分隔离，而不能用来切除电路中的电流。

单母线接线的主要优点是：简单、明显，采用设备少，操作方便，投资少，便于扩建。其主要缺点是当母线或母线隔离开关发生故障或检修时必须断开全部电源，造成整个装置停电。此外，当出线断路器检修时，也必须在整个检修期间停止该回路的工作。由于上述缺点的存在，单母线接线无法满足对重要用户供电的需要。

单母线接线的缺点可以通过分段办法来加以克服。当在母线的中间装设一个断路器 DLS 后，即把母线分为两段，这样对重要用户可以由分别接在两段母线上的两条线路供电，当任一段母线故障时，都不至于使重要用户全部停电。另外，对两段母线可以分别进行清扫和检修而减少对用户停电。

由于单母线分段接线既保留了单母线接线本身的简单、经济、方便等基本优点，又在一定程度上克服了它的缺点，故这种接线一直被广泛应用。特别对中小型发电厂以及出线数目不多的 35~220kV 级的变电所，这种接线方式采用较多。

但是单母线分段接线也有较显著的缺点，这就是当二段母线或任一母线隔离开关发生故障或检修时，该母线上所连接的全部引线都要在检修期间长期停电。显然，对于大容量发电厂和枢纽变电所来说，这都是不容许的。为此，就出现了双母线接线。

（二）双母线接线

双母线接线方式是针对单母线分段接线的缺点而提出来的，即除了工作母线 1 之外还增设了一组备用母线 2，由于它有两组母线，可以做到相互备用。两组母线之间用母线连络断路器 DL 连接起来，每一个回路都通过一只断路器和两只隔离开关接到两组母线上。当运行时，接至工作母线上的隔离开关接通，接至备用母线上的隔离开关断开。

当有了两组母线后就可以做到：

（1）轮流检修母线而不致使供电中断；

（2）当修理任一回路的母线隔离开关时只断开该回路；

（3）工作母线故障时，可将全部回路转移到备用母线上，从而使装置迅速恢复供电；

（4）修理任何一个回路的断路器时，不致使该回路的供电长期中断；

（5）在个别回路需要单独进行试验时，可将该回路分出来，并单独接至备用母线上。

双母线接线的最重要操作是切换母线。下面以检修工作母线和出线断路器为例来说明其操作步骤。

1. 检修工作母线。要检修工作母线必须将所有电源和线路都换接到备用母线上去。为此，首先应检查备用母线是否完好，方法是先接通母线联络断路器 DL 使备用母线带电。如备用母线存在绝缘不良或故障，则断路器 DL 将在继电保护装置的作用下自动断开；当备用母线无故障时，DL 即保持在接通状态。这时由于两组母线是等电位的，可以先接通备用母线上的所有隔离开关，再断开工作母线上的所有隔离开关，这样就完成了母线的转换。最后，还必须断开母联断路器 DL 以及它和工作外线之间的隔离开关，以便把工作母线完全隔离起来，进行检修。

2. 检修一条出线上的断路器。当检修任何一条出线上的断路器而不希望该线路长时停电。

综上所述可知，双母线接线的主要优点是可以在不影响供电的情况下对母线系统进行检修，但是双母线接线却存在着下列缺点：

（1）接线较复杂。为了发挥双母线接线的优点，必须进行大量的切换操作，特别是把隔离开关当成了一种操作电器，容易因误操作而酿成较大的事故。

（2）当工作母线故障时，在切换母线的过程中仍要短时停电。检修线路断路器时尽管可以用母线联络断路器来代替，但是装接跨条期间仍需短时停电，这种停电对重要用户是不容许的。

（3）母线隔离开关数目较单母线接线大为增加，从而增大配电装置占地面积，增大投资。

为了消除上述的某些缺点，可以采用下列措施：

（1）为了避免工作母线故障时造成全部停电，可以采用双母线同时带电运行（按单母线分段运行）的方式。这时可以把电源和线路在两组母线上合理分配，通过母线联络断路器使两组母线并联运行。这样既提高了运行可靠性，在必要时又可空出一组母线进行检修。这种方式目前在我国 35~220kV 的配电装置中采用较多。

（2）采用双母线分段接线。这种接线可以看作是把单母线分段和双母线结合起来，采用分段断路器 FD 将工作母线 1 分段，而每段则分别用母线联络断路器 DL1 和 DL，与备用母线 2 相联。这样，当任何一段母线故障或检修时仍可保持双母线并联运行。

（3）为了避免在检修线路断路器时造成短时停电，可采用双母线带旁路母线的接线。图中母线 3 为旁路母线，断路器 DL1 为接到旁路母线的断路器，正常运行时它处于断开位置。当需要检修任何一个线路断路器时，可用 DL1 来代替而不致造成停电。

尽管在采取上述措施后，改进了双母线接线的性能，但是仍存在着当一组母线故障或检修时将使得一半的回路供电中断的缺点，这对大容量发电厂和枢纽变电所是不容许的。此外，在双母线的切换过程中需要对大量的隔离开关进行操作，容易因误操作而酿成较严重的后果。为此，对重要程度很高的发电厂和变电所可以考虑采用下列双母线型的接线方式。

1）双母线双断路器接线。这种接线方式的特点是双母线同时运行，每回路内装有两个断路器。这种接线方式主要优点是任何一组母线或断路器发生故障或进行检修时都不会造成停电，而且运行灵活、检修方便。同时隔离开关不用作操作电器，这就避免了切换过程中因操作隔离开关而发生事故的可能性，从而增加了运行可靠性。这种接线方式的主要缺点是断路器数量要增大一倍，设备投资及配电装置的占地面积也都相应增大。此外，每个回路故障要同时切断两台断路器，加重了断路器维修的工作，总的来说。这种接线的性能并不优越于下述的 1J 接线；因此，这种接线很少采用。

2）一倍半（1次）接线。这种接线所用断路器数介于每个回路装设一个断路器和装设两个断路器的接线之间。在两组母线间，装有三个断路器，但可引接两个回路，故又称为二分之三接线。正常时，两组母线同时带电运行，任一母线故障或检修均不会造成停电。同时，还可以保证任何断路器检修时不停电，其中隔离开关不作操作电器，仅在检修时使用，甚至在两组母线同时故障（或一组正检修时另一组又故障）这种极端的情况下功率仍得以继续输出。因而，这种接线的主要优点是所使用的断路器数目比上述双断路器接线少，而运行的可靠性与灵活性却比较大。

接线的缺点是所需要的断路器数目较一般的双母线单断路器接线要多，设备投资及变电所的占地面积相对较大。同时，一个回路故障也要断开两台断路器，增大了维修工作量。此外，这种接线的继电保护也较其他接线要复杂。再者，为了便于布置，这种接线要求电源数和出线数最好相等，当出线数目较多时，对某些只有引出线的回路，在配电装置中需向不同方向引出，这将造成布置上的困难。尽管有这些缺点，但运行经验表明，其运行可靠性高灵活性大的优点则是完全肯定的，所以目前接线在世界上许多国家的超高压电网中得到了广泛的应用，我国现有的几个 500kV 变电所都是采用这种接线。

（三）无母线接线

在以上所介绍的单母线和双母线接线中，断路器的数目一般都等于或大于所连接回路的数目。由于高压断路器的价格昂贵，所需的安装占地面积也较大，特别当电压等级越高时，这种情况越明显。因此，从经济方面考虑，应力求减少断路器的数目。为了既满足主接线图的基本要求，又尽量减少断路器的数目，当引出线不多时，可以考虑采用下列的无母线接线。

1. 桥形接线。当电路只有两台变压器和两条输电线时，采用桥形接线所需的断路器较少。桥形接线可分为"内桥式"和"外桥式"两种。

内桥接线的特点是两台断路器 DL1 和 DL，接在线路上，因此线路的断开和投入是比较方便的，当线路发生故障时仅断开该线路的断路器，而另一回线路和两台变压器仍可继续工作。但是，当一台变压器故障时，将断开与变压器相联的两个断路器，使相关线路短时退出工作。因此，这种接线一般适用于线路较长（相对来说线路的故障机率较大）和变压器不要求经常切换的情况。

外桥接线的特点则与内桥接线相反，当变压器发生故障或运行中需要断开时，只需断开断路器 DL1 和 DL，而不致影响线路的工作。可是，当线路发生故障时却要影响到变压器的运行。因而，这种接线适用于线路较短且需要经常切换变压器的情况。一般在降压变电所应用较多。此外，当系统有穿越功率流经本厂（所）时（例如，当两路出线均接入环形电网中时），也以采用外桥接线。

总起来说，桥形接线可靠性不是很高，有时也需要用隔离开关作为操作电器，但由于使用电器少，布置简单、造价低，目前在 35~220kV 的配电装置中仍有采用。此外，只要在配电装置的布置上采取适当措施，这种接线有可能发展成单母线或双母线，因此可用作工程初期的一种过渡接线。

2. 多角形接线。多角形接线的特点是电路连接闭合成环形，并按回路用断路器分隔。这种接线所用断路器数目等于回路数，比相同回路数的单母线分段或双母线接线还可以少用一台断路器。由于每个回路都经过两个断路器 1 连接，因而在一定程度上具有双断路器类型接线的优点。例如：检修任一断路器时不需切除线路或变压器；所有隔离开关只用于检修，不用作操作电器；以及任何元件的退出、投入都很方便，且不影响其他元件的正常工作等。因此，与单断路器的双母多角形接线的缺点是：

（1）检修任一断路器时都要开环运行，这种情况下如其他元件再发生故障（检修断路器 DL 过程中，又出现 DL4 跳闸），将使整个系统解列或分裂为成两半运行，从而影响到可靠性。因此，多角形接线不适用于回路数较多的情况，一般最多用到六角形，而以三角形、四角形用得最多。

（2）开环和闭环两种情况下各支路的潮流变化差别较大，这给电器选择带来困难，并使继电保护的整定复杂化。

（3）扩建不太方便。

由于前述优点的存在，目前在国内外，多角形接线（特别是三角形、四角形接线）在高压配电装置上是采用较多的。当在配电装置的布置上采取一定措施后，多角形接线还可最终发展为 1，接线或双断路器接线，因而对一些超负压、大容量的枢纽变电所，它也可以考虑作为初期接线。

3. 单元及扩大单元接线。单元接线的特点是几个元件直接串联连接，其间没有任何横的联系（如母线等）。这样不仅减少了电器的数目，简化了配电装置的结构和降低了造价，同时也降低了故障的可能性。单元接线主要有下列两种基本类型。

（1）发电机-变压器单元接线。发电机和变压器成为一个单元组，电能经升压后直接送入高压电网。这种接线中由于发电机和变压器都不单独运行，因此二者的容量应当相等，单元接线的基本缺点是元件之一损坏或检修时，整个单元将被迫停止工作。这种接线主要适用于没有或很少当地负荷的大型发电厂（例如远离负荷中心的区域火电厂或水电厂等）。

（2）扩大单元接线。为了减少变压器的台数和高压侧断路器的数目以及节省配电装置的占地面积，有时将两台发电机与一台变压器相连接组成扩大单元接线。这种接线在机组容量不大的中小型水电厂已广为采用。有些水电厂由于在布置上受自然地形条件的限制，为了尽量减少土石方的开挖量，采用扩大单元接线也是有利的。这种接线的缺点是运行灵活性较差，例如当检修主变压器时将迫使两台发电机组停止运转。另外当一台机组运转时，变压器处于轻负载下运行从而使损耗增大，降低了经济性。

三、各类发电厂和变电所主接线的特点

以上全面地介绍了主接线的基本形式，从原则上说在些接线方式对各种发电厂和变电所都是适用的，但是根据具体问题具体分析的原则，不同类型的发电厂和变电所由于它们的地位和作用以及容量大小等因素的不同，所采用的接线方式也都各自具有一定的特点，下面分别介绍：

（一）火力发电厂

如前所述，火力发电厂有地方性与区域性两大类型。地方性火力发电厂位于负荷中心，大部分电能用 6~10kV 的配电线路供给发电厂附近的用户，只将剩余的电能升高到 35kV 以上的电压送入系统，热电厂即属于典型的地方性发电厂；区域性火力发电厂一般建在动力资源较丰富的地区，其生产的电能主要依靠升高电压送入系统，发电机电压负荷很少甚至没有，这类发电厂一般容量大、利用小时数高，在系统中的地位重要。

对地方性火力发电厂而言，由于发电机电压负荷的比例较大，发电机电压的出线又多，故均采用有母线的接线方式。通常，当发电机容量在 6000kW 及以下时，一般采用单母线；在 12000kW 及以上时，可采用不分段的双母线或单母线分段以及双母线分段接线。在分段母线之间及引出线上通常都安装有限流电抗器以限制短路电流，以便可以选择轻型的断路器。在升高电压侧可根据容量大小、重要程度和出线数的多少，采用双母线、双母线带旁路、单母线分段、多角形或桥形等接线方式。

某厂装有两台 25MW 的机组及两台 50MW 的机组，发电机电压的负荷最大

为 20000kW，最小为 12000kW，此外还有厂用电约 5000kW，35kW 电压的负荷为 20000kW，而 110kV 电压侧的负荷最大，经常需要供给 7 万～10 万 kW。根据负荷情况，只要发电机电压侧接有两台 25MW 机组，并采用双母线分段的接线，即可满足对发电机电压负荷供电的需要，其余两台 50MW 的机组则以单元接线直接引至 110kV 高压母线，这样可以简化发电机电压的配电装置。35kV 侧由于仅有二回出线，根据其重要程度采用桥形接线即可。110kV 侧由于重要程度较高，负荷也最大，故采用了双母线接线。

对大容量的区域性火力发电厂，由于容量大，地位重要，一般高压侧均采用双母线接线或 1 次接线，当出线回路数较少时，也可以采用多角形接线，而发电机电压侧由于负荷很少，故一般都采用单元接线或扩大单元接线。

（二）水力发电厂

由于水力发电厂建在水能资源所在地，一般距离负荷中心较远，绝大多数电能都是通过高压输电线路送入系统，发电机电压负荷很小或甚至为零。从这点来看，与区域性火力发电厂很相近，因此发电机电压侧多采用单元接线或扩大单元接线，当有少量地区负荷时，可采用单母线或单母线分段接线。

此外，由于水力发电厂的机组数目和容量是根据水能资源条件一次确定的，故一般在厂房和配电装置布置上可以不考虑发展问题。再有，由于水力发电厂多位于深山辟野、地形复杂的地带，为减少土石方开挖，应尽减少设备（主要是变压器和高压断路器）的数目以使配电装置布置紧凑。以上这几点又是水力发电厂不同于区域火力发电厂的地方。因此，在水力发电厂的升高电压侧，当出线不多时应优先考虑采用多角形接线等类型的无母线接线，当出线数较多时可根据其重要程度采用单母线分段、双母线或一倍半接线等。

（三）降压变电所

如前所述，降压变电所可分为区域变电所和地方变电所两种类型。区域变电所由区域电网供电，它的原边电压一般为 500、330、220、110kV，副边电压为 220、110、35kV 等。区域变电所较之地方变电所容置要大，重要性也要高得多。相对来说，地方性变电所的供电区域要小，它的原边电压一般为 110、330 或 6~10kV，而副边电压则为 6~10kV 或 380/220V。

对于区域变电所的高压侧（原边），根据出线多少或重要程度可采用双母线、多角形或 1 次接线，对于某些重要程度极高的枢纽变电所，国外多采用接线，或双母线四分段等方式。如前所述，我国的几个 500kV 级变电所的高电压侧也都采用 1 次接线。对区域变电所的低压侧（副边）多采用双母线、单母线分段等接线。

对地方性变电所由于其容量相对较小，重要程度较低，且多数属于终端变电所类型。在其高压侧，当线路较少时，可采用桥形、多角形等简化接线；而当线路回路数较多时，则可采用双母线或单母线分段等接线。对其低压侧，一般都采用单母线分段或双母线分段等接线。

第二节　配电装置的一般问题

一、分类和基本要求

按主接线图，由开关设备、保护电器、测量仪表、母线和必要的辅助设备所组成用以接受和分配电能的装置称为配电装置。通常，按布置场所配电装置可分为屋内配电装置和屋外配电装置。

屋内配电装置有下列优点：①外界环境条件（如气温、湿度、污秽和化学气体等）对电气设备的运行影响不大，因此可以减少维护工作量；②操作在屋内进行，既方便又不受大气条件的影响；③占地面积小。其缺点是土建费用较大。

屋外配电装置的优点是：①减少土建工程量和费用，缩短建造时间；②可使相邻设备之间的距离适当加大，运行更加安全；③扩建方便。其缺点是由于电气设备都敞露于屋外，受环境条件影响较大，电气设备的外绝缘都要按屋外式来考虑，某些设备的价格会增高。

此外，配电装置中的电气设备若是在现场进行组装，则称为"装配式"；若是在制造工厂组装，把开关电器、互感器等安装在柜中然后成套运到安装地点，则称为"成套配电装置"。

究竟应采用哪种类型的配电装置，应根据电压等级、设备型式、周围环境条件、运行维护情况以及安全方面的要求等多种因素来决定。屋内配电装置通常多用在6~10~35kV 的电压，而 35kV 以上电压则多用屋外式。但小容量终端变电所或农村小型变电所，电压虽在 10kV 及以下也常采用屋外配电装置，即使 110kV 电压的配电装置，如有特殊要求（如地形）或处于严重污秽地区，也可以采用屋内式布置。

下面介绍一下配电装置应满足的基本要求。

1. 保证运行的可靠性。配电装置中引起事故的主要原因是：绝缘子因污秽而闪络，隔离开关因误操作而发生相间短路，断路器因断流容量不够而发生爆炸等。因此为提高运行的可靠性必须采取措施力求避免事故或限制事故的影响范围。为此，首先应当正确选择设备，使选用的设备具有合理的参数；其次，应加强维护、检修、预防性试验以及其他运行操作的安全措施。

2. 保证工作人员的安全。为此，应采取一系列措施：用隔墙把相邻电路的设备隔开以保证电气设备检修时的安全；设置遮栏，留出安全距离以防触及带电部分，设置适当的安全出口；设备外壳、底座等都采用保护接地等。此外，在建筑结构等方面还应考虑防火安全措旅。

3. 保证操作维护的方便性。配电装置的结构应使操作集中，尽可能避免运行人员在操作一个回路时需走几层楼或几个走廊。此外，结构和布置还要便于检修、巡视，例如设置走道使运行人员能接近设备，在门上设置"观察孔"，利用网孔遮栏使能看到设备的某些重要部分，如导线接头，绝缘子的运行状态等。此外，还要便于搬运设备。

4. 力求提高经济性在满足上述基本要求的前提下，配电装置结构应力求降低造价，注意节省占地面积以及节约钢材、水泥、有色金属等原材料。此外还应便于施工，节省工时，缩短工期。

5. 具有扩建的可能。

二、配电装置的最小电气距离

整个配电装置的外形尺寸是综合考虑了设备的外形尺寸、检修维护和搬运的安全组离，电气绝缘距离等因素后加以决定的。各种间隔距离中最基本的是空气中最小容许距离，即 A 值。A 值表示不同相的带电部分之间或带电部分对接地部分间的最小容许空间净距离。在这一距离下，无论在长期额定电压下或各种短时过电压的作用下都不致发生空气绝缘的电击穿。A 值的确定是根据过电压与绝缘配合计算并根据间障放电试验曲线来确定的。

第三节　屋内配电装置

屋内配电装置的结构型式与主接线和电气设备的型式有着密切的关系。此外，还与施工、检修条件、运行经验等因素有关。

目前，在发电厂和变电所中，屋内配电装置最常见者为 6~10kV 电压的屋内配电装置，其主接线多为双母线，并往往装设有体积较大的线路电抗器。按其布置形式的不同，一般可分为三层式、二层式和单层式。三层式是将所有电气设备按轻重和接线顺序分别布置于三层中，它具有安全、可靠性高、占地面积小等优点，但其结构较复杂、施工时间长、造价高、运行和检修也不大方便。二层式是由三层式改进而得的，与三层式相比，它的造价较低，运行检修较方便，但占地面积增加。二层式与三层式均适用于有出线电抗器的情况。单层式是把所有的设备布置在同一层，它适用于无出线电抗器的情况。单层式占地面积较大，通常采用成套配电装置以减小占地面积。

屋内配电装置的总体布置原则是：

（1）既要考虑设备的重量，把最重的设备（如电抗器）放在底层，以减轻楼板荷重和方便安装，又需要按照主接线图的顺序来考虑设备的连接，做到进出线方便。

（2）同一回路的电器和导体应布置在同一个间隔（小间）内，而各回路的间隔则相互隔离以保证检修时的安全及限制故障范围。

（3）在母线分段处要用墙把各段母线隔开以防止母线事故的蔓延并保证检修安全。

（4）布置应尽量对称，以便利操作。

（5）充分利用各间隔的空间。

（6）容易扩建。

屋内配电装置通常包括下列间隔：①发电机；②变压器；③线路；④母线联络断路器；⑤电压互感器和避雷器。间隔的尺寸应符合最小电气间距的标准，再考虑安装和检修的条件来确定。设计时可参考有关手册中的典型方案。

下面以二层式屋内配电装置为例来介绍屋内配电装置总体布置的概况。

它适用于双母线带出线电抗器的接线，母线冲击短路电流在 200kA 以下，配电装置最大可装设 SN，型少油断路器和 1000A 的电抗器。

母线和隔离开关设在第二层，两组母线用墙隔开，便于一组母线工作时检修另一组母线。三相母线垂直布置，相隔距离为 0.75m。三相母线用隔板隔开，可以避免母线短路。为了充分利用第二层的面积，母线呈单列布置。母线隔离开关装在母线下面的开敞小室中，二者之间用隔板隔开，这样可以防止事故蔓延。第二层有两个维护走廊，母线隔离开关靠近走廊一侧有网状遮栏，以便巡视。

第一层布置电抗器和断路器等笨重设备，并按双列布置，中间为操作走廊，同一回路的断路器及母线隔离开关均集中在该操作走廊内进行操作，所以操作比较方便。出线电抗器小间与出线断路器小间沿纵向前后布置。三相电抗器则采用垂直布置以减小占地面积。

电抗器的下部有通风道可引入冷空气，以改善其冷却条件。小间中的热空气则从靠外墙上部的百叶窗中排出。对电抗器的监视可在屋内进行。电流互感器采用穿墙式，兼作穿墙套管。变压器回路采用架空引入，出线采用电缆经电缆隧道引出。

当变压器或发电机进线回路装设 SN，型断路器时，可参见间隔布置情况。在该间隔中用金属网门隔出一个维护小走廊，供运行中巡视检查 SN，型断路器的运行状态。该回路的进线在第二层经穿墙套管由屋外引入，穿过楼板引至断路器。当进线需要装设电压互感器时，可将其布置于第二层的进线间隔中。

为了在操作走廊上能观察到母线隔离开关的工作状态，在母线隔离开关间隔的楼板上开了一个"观察孔"。但这对安全并不利。如发生故障时，两层便互有影响。

总体来说，两层二走廊式配电装置的操作集中，走廊和层数较少，巡视路线短，加以断路器均布置在第一层，检修、运行都较为方便。此外施工和投资也较少，故近年来这种配电装置采用较广。

第四节　屋外配电装置

屋外配电装置的结构型式与主接线、电压等级、容量、重要程度、母线和构架的型式、断路器和隔离开关的型式等都有关系。通常，根据电气设备和母线的布置高度，屋外配电装置可分为低型、中型、半高型和高型等类型。

在低型和中型屋外配电装置中，所有电器都装在同一水平内较低的基础上。中型配电装大都采用悬挂式软母线，母线所在水平面高于电器所在的水平面，但近年来硬母线的采用也日益增多。低型的主母线一般由硬母线组成，而母线与隔离开关基本质量在同一水平面上。在半高型和高型屋外配电装置中，电器分别装在几个水平面内。高型布置中母线隔离开关位于断路器之上，主母线又在母线隔离开关之上，整个配电装置的电气设备形成了三层布置，而半高型的高度则处于中型和高型之间。

我国目前采用最多的是中型配电装置，近年来半高型配电装置的采用也有所增加，而高型由于运行、维护检修都不方便，只是在山区及丘陵地带，当布置受到地形条件的限制时才采用。低型由于占地面积太大，目前基本上不采用。

下面着直通过介绍中型屋外配电装置来说明屋外配电装置结构上的一些基本问题，对其他类型配电装置仅做简略介绍。

一、中型屋外配电装量

中型屋外配电装置按照隔离开关的布置方式，可分为普通中型和中型分相两种。

（一）普通中型屋外配电装置

普通中型屋外配电装置的典型，采用 GW4-220 型隔离开关和少油断路器，除避雷器外，所有电器都布置在 2~2.5m 的基础上。主母线及旁路母线的边相电隔离开关较远，其引下线设有支柱绝缘子。本装置中将两组主母线、电压互惠器和专用旁路断路器均合并装设在一个间隔内，以节约占地面积。搬运设备的环形道路设在新路器和母线之间，检修和搬运设备都较为方便，道路还可兼作断路器的检修场地。构架用钢筋混凝土结构，母线架与中央门形架合并，以使结构简化。当断路器为单列布置、进出线都带旁路时，将出现双层构架，它的引线较多，因而降低了可靠性。

普通中型布置的主要优点是：布置清晰，不易误操作，运行可靠，施工和维修都比较方便，构架高度低，所用钢材较少，造价低。经过多年实践，已积累了丰富的经验，但它最大的缺点是占地面积大。

（二）中型分相布置的屋外配电装置

所谓分相布置是指把各相的隔离开关分别直接布置于母线的正下方。分相布置的特点为：内侧母线隔离开关分相布置，外侧母线隔离开关仍按常规方式布置。这种布置方式和两组母线隔离开关都采用分相布置时，具有相同的节省占地效果。设备运输道路设在电流互感器和断路器之间，安装与检修都很方便。

采用分相布置还可省去中央门形架，可进一步简化构架，并避免使用双层构架，因而可以减少绝缘子链和母线数量，其占地面积也较普通中型有所减少。

屋外配电装置中各部分尺寸同样是按必须保证满足最小电气距离出发，考虑运行检修条件、电器结构等因素，经过计算并留有一定裕度后而得出的。例如，母线和进出线的相间距离以及导线到构架的距离是按照在过电压和最大工作电压的情况下，在风力、短路电动力等的作用下导线做非同步摆动时，在最大弧垂处应保持一定的最小电气距离的条件而决定的。又如，设备支架高度应使人手不能触及其绝缘子，如果不能满足此要求即应设置遮栏，且带电部分到遮栏必须保持一定的最小容许距离。再者，悬挂母线的构架高度则应考虑母线的最大弧垂，再加上导线对地的最小容许距离及裕度等。根据上述原则即可定出采用软母线的35~330kV中型屋外配电装置各部分的尺寸。至于各部分尺寸的具体计算公式可参阅有关设计手册，这里限于篇幅不再述及。

二、采用改母线的屋外配电装置

上面我们介了两种中型布置的屋外配电装置的例子。从这里可以看到，尽管这种布置方式具有不少的优点，但它们的占地面积都是较大的。随着电压等级的提高，每个间隔的宽度增加很快。例如：35kV时每个间隔宽5m；110kV时约宽8m，而220kV宽14~15m。目前，有人认为，配电装置的占地面积约随电压的平方成正比例地增加。随着配电装置占地面积的增大，征地的矛盾将更加突出。此外，对地处山区、地形受限制的发电厂和变电所，也难于找到大面积的配电装置场地。为此，紧缩配电装置的占地面积是变电所设计中的一个方向性问题。

为了达到紧缩变电所占地面积的目的，除了在总体布置上采用高式或半高式布置之外，采用管型硬母线（目前用得最多的是铝管硬母线）来代替软母线也是紧缩配电装置占地面积的一项有效措施。这种方式目前正越来越广泛地采用。它的优点主要有：

（1）缩小占地面积。与软母线相比，硬母线在风吹和电动力的作用下弧垂摇摆现象很微小，因此其布置尺寸可按设备容许最小电气距离来决定。同时，硬母线布置常可结合采用剪刀式或V形隔离开关等占地少的设备，最终将使配电装置占地面积紧缩

1/3 左右。

（2）简化构架、节省钢材、降低造价、缩短工期。当铝管母线采用支柱式绝缘子支撑时，母线不承受经常性的张力且弧垂极小，母线热胀冷缩可在绝缘子上自由滑动，故在正常情况下施于绝缘子的只是摩擦力，因此构架可大为简化。同时由于母线构架的高度降低，进出线构架的高度也随之降低。这样就可以大大节省钢材和土建工程量，加快施工安装速度，缩短工期。

（3）布置清晰美观、运行维护方便。当铝管母线如配合用单柱式隔离开关时，断合的指示很清楚，不易误操作。单柱式隔离开关无设备引下线，使变电所布置清晰。母线呈直线状，弯头少，整个构架紧凑美观。

由于母线用支柱绝缘子支持，整个配电装置的悬式绝缘子链大为减少，加之构架较低，故便于维护和清扫绝缘子。此外，由于整个配电装置的高度较低也便于巡视检修电气设备。

（4）改善了电晕性能。铝管母线在使用时为了满足机械强度和电气性能的需要，外径一般为软母线的 2~5 倍，加之导线具有较光滑的表面，故对减少电量效应和静电感应影响都大有好处，从而使损耗、干扰强度、噪声水平都显著降低。这一优点对超高压变电所特别重要。

但是硬母线布置也存在下列缺点：

（1）由于铝管母线不能上人，带电距离也较紧凑，故带电检修需配备专用工具。

（2）铝管母线焊接施工的工作量较大。

（3）硬母线对构架的沉陷及倾斜较为敏感，因而容易造成损坏，故对基础处理及施工质量的要求较高。另外，硬母线的支承结构多为框架式，但由于支柱绝缘子易断裂，故其抗震性能较软母线差。当采用 V 形绝缘子链悬挂硬母线时，其抗震性能可得到改善。

（4）由于支柱绝缘子易受污染，所以母线闪络的机会增多，故在污秽地区采用硬母线布置方式时，必须采取有效的防污及清扫措施。

第五节　成套配电装置和SF$_6$全封闭式组合电器

一、成套配电装置

成套配电装置是由制造厂成套供应的设备，又称"高压开关柜"，开关电器、测量仪表、继电保护装置和辅助设备都装配在封闭或半封闭的柜中，运到现场只需安装即构成配电装置。

一般来说，高压开关柜的每一个柜（有时用两个柜）构成一条电路，在使用时只要根据电气接线选择各个电路的开关柜，即可组成配电装置。

成套配电装置有屋内式和屋外式，根据开关电器是否可以移动又可分为固定式和手车式等。

根据运行经验，成套配电装置的可靠性很高，运行安全，操作方便，维护工作量小。另外还可以减少占地面积，缩短工期，便于扩建和搬运。因此，目前成套坏电装置在我国已被广泛采用且很有发展前途。成套配电装置的主要缺点是耗用钢材较多。

国产成套配电装置主要有：全封闭手车式和敞篇固定式等。

二、SF_6 全封闭式组合电器

全封闭组合电器是把特殊设计制造的断路器、隔离开关、接地开关、电流互感器、电压互感器、避雷器以及母线、电缆头等设备按具体接线要求组合在一个封闭的接地金属壳体内。各元件的带电部分在该金属壳体内部连接起来，因而就取消了各元件的外部绝缘，在壳体内充有离介电性能的绝缘介质（油、压缩空气或六氟化硫等）。由于六氟化硫气体（SF，）所特有的绝缘和灭弧性能，在目前已成为国内外全封闭组合电器所采用的主要绝缘介质。

SF_6 是一种不易与其它物质反映的稳定化合物，在常态下，不燃、无色、无嗅、无毒、无公害，其绝缘强度为空气的 2~3 倍，在三个大气压下可达到与绝缘油相同。而其灭弧后的介质恢复强度却是空气的 300 倍，因而其灭弧和绝缘性能都很优越。近年来 SF_6，全封闭组合电器发展很快，国外已发展到 750kV 级，并正在研制更高电压级的设备。我国在这方面也有较大的发展。

断路器为充 SF_6 气体的断跳器，因此灭弧性能很优越。断路器水平布置并采用新型液压操动机构。为了紧凑，出线端隔离开关设计为直角形隔离开关和工作接地器的组合，均采用电动操动机构。母线为三相二筒式封闭母线。电流互感器为环氧树脂浇注。另外充油电缆端部用一个环班套管罩住并密封，以构成电缆终端盒 6。

SF_6 全封闭式组合电器的主要优点是：

（1）占用面积和空间小。这是 SF_6 全封闭式组合电器最主要的优点。由于全封闭式组合电器取消了各元件的外部绝缘，故缩小了每一相的长度和布度，加之各相的公共壳体是接地的，故可以缩短相间距离，从而大大缩减了配电装置的占地面积，特别当电压等级越高时其效果愈明显。据有关资料介绍，在 110kV 电压时，组合电器所占面积仅为常规布置所占面积的 13%；220kV 时仅为 8.3%；500~750kV 时仅为常规布置所占面积的 5%。随着面积的大大缩减，还相应减少了土建施工量以及各项工程设

施（构架等）和设备（绝缘子、导线、二次电缆等）的费用，其效果是非常明显的。

（2）设备运行安全可靠。对于全封闭组合电器而言，由于没有或很少有暴露在大气中的外绝缘，其绝缘强度将不受环境条件（雪，雨，污秽，潮湿等）的影响；加之 SF_6 为不燃烧的惰性气体，没有火灾的危险，因而运行可靠性较一般电器大为提高。此外；由于高电压部分被金属外壳所屏蔽，也不易发生人身触电事故。

（3）能妥善解决超高压下的静电感应、电晕干扰等环境保护问题。近年来随着电压等级的提高，静电感应、电晕干扰等环境保护问题正日益突出。为此许多变电所不得不采取了各种专门措施，但对于超高压的全封闭组合电器而言，由于封闭且接地的金属外壳起了很好的屏蔽作用，静电感应、电晕干扰等问题都很方便地得到了解决，而无须采取专门的措施。

（4）维护工作量小，检修周期长，安装工期短。这类电器在出厂前已调试合格并部分组装好，现场安装工作量主要是进行组装和调试，因而现场工作量可大为减少。此外，运行过程中也无须进行绝缘子清扫等工作，故维修工作量大为减少。再者，由于 SF_6 气体的绝缘、灭弧性能都很好，因此断路器的触头运行中烧损极微，检修周期可大大延长，国外认为一般要 10~20 年才大修一次。

SF_6 全封闭式组合电器的主要缺点是：金属材料消耗大；对材料性能、加工与装配精度要求高；造价贵等。

第六节　保护接地

一、保护接地的作用、接触电压等概念

将一切正常不带电而在绝缘损坏时可能带电的金属部分（例如各种电气设备的金属外壳、配电装置的金属构架等）接地以保证工作人员触及时的安全就称为保护接地。触电事故除了人与带电导体过分接近或直接接触以外（这种情况可依第设置遮栏或保持一定通道宽度来避免），还可能由下列原因所造成：

（1）在电气设备的绝缘损坏之后触及设备的金属结构和外壳。

（2）在电气设备的绝缘损坏之处，或在载流部分发生接地故障处附近，人的两脚受到所谓"跨步电压"的危害。以上两种原因所造成的触电，都可以用保护接地来防护。

首先应当指出，触电对人体的危害程度并不直接决定于电压，而是决定于电流和接触时间的长短。研究表明：对 $50H_z$ 的工频交流电，当电流在 10mA 以上时开始危害人体健康；50mA 以上则引起呼吸麻痹、形成假死，如不及时用人工呼吸法及其他

医疗措施抢救，将还能返生。流过人体电流的大小与人体的电阻值有着密切的关系，而人体电阻却并非一个固定不变的数值。它和人的皮肤表面状况是否干燥完整、工作中是否应用保护用具（如绝缘鞋和绝缘手套）、人的体质和精神状态均有关系。例如，在皮肤表面破损时，人体电阻的现低值只有 800~1000Ω。因而，在最恶劣的条件下，只要人所接触的电压达到 40~50V[0.05×（800~1000）V]，即有致命的危险。

降低触电时流过人体的电流值的有效措施是采用保护接地。为完成与地连接的整套装置称为接地装置。如设备外壳未接地时，当绝缘损坏后，人触及外壳即与故障相的对地电压接触。通常，接地装置是由埋入土中的金属接地体（钢管、扁钢等）和连接用的接地线等所组成。接地电流通过接地体散流于周围的土壤中，由于土壤具有一定的电阻率，所形成的散流电阻就是接地电阻。当电气设备的绝缘损坏而发生接地故障时，接地电流，将通过接地体向四周的大地做半球形散开，构成电流场，由于此半球体的表面积随着距离接地体越远面越大，根据电阻值与面积的关系，与此相应的地的电阻格越远越小，在距接地体为 15~20m 以外的地方，这个电阻实际上接近于零。因而流过接地电流时的地面电位也接近于零。在这个范围以内的区域，地面上的电位分布则是随着地的散流电阻的变化而变化。对上述零电位的地面而言的电压，而电气设备的接地部分与零电位之间的电位差则称为接地时的对地电压或简称对地电压。

如前所述，接地装置的接地电阻实质上是接地电流经接地体散流于周围土壤中时所遇到的散流电阻，因此决不要误认为它是金属接地体本身的电阻。而整个接地装置的电阻应等于接地体的对地电阻和接地线电阻之和，后者的数值较小，往往可以忽略不计。接地电阻的数值与接地体的材料类别无关，但与接地体的形状、尺寸、布置方式，特别是与周围土壤的电阻系数 P 值有关。接地电阻值的计算是一个电流场问题，是比较复杂的。

二、接地电阻的容许值

这时对地电压应是能保证人身安全的数值。

在选择接地电流 L 时，常分别按大接地短路电流电力网与小接地短路电流电力网两种不同的情况来处理。

对大接地短路电流电力网，单相接地也就是单相短路，相应的继电保护装置动作即可将故障部分迅速切除。但是，由于接地电流大，在故障电流切除前的时间里，在故障电流所流经途经（大地及金属导体）上会引起严重的高电位分布。由于接地体附近的接地散流场范围较大，所以对人身安全有威胁的主要是接触电压和跨步电压。运行经验表明，当小于 220V 时，人身和设备是安全的。所以应按上式来选择接地电阻的容许值。但是，当接地短路电流 L 大于 4000A 时，则应取 $\tau_6 < 0.5C$。另外，如土

壤的电阻率 P 值较高,以致按上述要求在技术经济上极不合理时,可容许将 τ_6 值提高到 5Ω,但这种情况下必须校验人身和设备的安全。

对小接地短路电流电力网中的接地装置,当发生单相接地故障时,继电保护装置通常作用于信号,而本切除故障部分。因而接地装置上的电压可能存在较长时间,运行人员也就有可能在此期间内触及到设备的外壳,所以应当限制接地电压。

三、接地装置的实施方法

接地装置中的接地体有两大类:自然接地体和人工接地体。

设置接地装置时,应尽可能广泛地利用自然接地体。经常作为接地装置的自然接地体有:①埋在地下的自来水管及其他金属管道(但液体燃料和易燃及有爆炸性气体的管道除外);②金属井管;③建筑物和构筑物与大地连接的或水下的金属结构;④建筑物的钢筋混凝土基础等。自然接地体的接地电阻应由实测来确定,在设计时可根据同类已有的装置的实例和近似公式来计算。

人工接地体的材料可以采用垂直敷设的角钢、圆钢或钢管以及水平敷设的圆钢、扁钢等。当土壤存在有强烈腐蚀的情况下,应采用镀锡、镀锌的接地体,或适当加大截面。

做接地装置用的钢管长度一般为 2~3m,钢管外径为 35~50mm。角钢尺寸一般为 $40 \times 40 \times 4mm$ 或 $50 \times 50 \times 4mm$,长 2.5m 左右。

钢管或角钢在垂直打入地中时,应使其顶端埋入地面以下 0.4~1.5m 处,在这个深度范围内土壤电阻率受季节影响的变动较小。钢管和角钢的数目由计算决定,但至少不得少于 2 根。此外,当接地体的长度超过 3m 时,散流电阻减少甚微,但却增加了施工困难,故一般不予采用。埋入土中的管子或角钢在其上端用扁钢焊接,扁钢埋入地下 0.3m 的深处。

接地装置主要有两种型式:外引式和环路式。将接地体集中布置在电气装置外的某一点称为外引式。把接地体环绕接地装置布置,连成环路状并在其中装设若干均压带,则称为环路式。

外引式接地装置的优点是选择土壤电阻率和土方工程都最小的地点来敷设接地体,因此造价较低,钢材消耗量也较少,其缺点是电位分布不均匀。

环路式接地装置中电位分布较均匀,可使接触电压与跨步电压大为降低。在大接地电流电力网中,除了利用自然接地体和外引式接地装置外,还应敷设环路式接地装置。

为了进一步减小环路式接地装置中的接触电压和跨步电压,还可在屋外配电装置的接地网内部埋设均压扁钢条(约每隔 10m 处埋一条),为了减小在环网出口处的跨步电压，可在出口处不同深度处加埋扁钢接成半环形（有时称为"帽檐式"）并与接地网相连，则电位沿出口处可以更平稳地下降。同时整个环网的边角部分都做成圆弧形，以改善电场分布，增加均压效果。

第三章　发电厂和变电所的二次系统

第一节　二次回路概述

一、二次回路的内容

发电厂和变电所的电气设备，通常可以分为一次设备和二次设备两大类。

所谓一次设备，是指发生、输送和分配电能的电气设备，如发电机、变压器、开关电器（断路器、隔离开关等）、母线、电力电缆和输电线路等。表示电能发、输、配过程中一次设备相互连接关系的电路，称为一次回路或一次接线。

所谓二次设备，举指测量表计、控制及信号器具，继电保护装置、自动装置、远动装置等，这些设备构成发电厂、变电所的二次系统。根据测量、控制、保护和信号显示的要求，表示二次设备互相连接关系的电路，称为二次回路或二次接线。

在发电厂和变电所中，虽然一次接线是主体，但是，要实现安全、可靠、优质、经济地发输配电，二次接线同样又是不可缺少的重要组成部分。特别是对日常的运行控制而言，二次回路显得更加重要。

由于二次回路的使用范围广、元件多、安装分散，为了设计、运行和维护方便，我们又把它分成几类。

按二次回路电源的性质，分为交流回路和直流回路。交流回路是由电流互感器、厂（所）用变压器和电压互感器供电的全部回路；直流回路是由直流电源的正极到负极的全部回路。

按二次回路的用途，可以分为操作电源回路、测量表计回路、断路器控制和信号回路、中央信号回路、继电保护和自动装置回路等。

二、二次回路的图纸和符号

二次回路接线按用途通常可分为归总式原理图、展开接线图和安装接线图。

（一）归总式原理图（简称原理图）

归总式原理图是用来表示继电保护、测量仪表和自动装置等工作原理的一种二次接线图，它以元件的整体形式表示二次设备间的电气联系。它通常是对各个一次设备分别画出，并且和一次接线的有关部分综合在一起。这种接线图的特点是使看图者对整个装置的构成有一个明确的整体概念。

原理图中属于一次设备的有：母线、隔离开关、断路器1、电流互感器2和线路等。组成过电流保护的二次设备有：电流继电器3、4，时间继电器5，信号继电器6，辅助接点7，断路器跳闸线圈8等。上述各元件是这样连接的：电流继电器线圈分别串接到对应相的电流互感器二次侧，两个电流继电器的常开接点并联后接到时间继电器线圈上，时间继电器接点与信号继电器线圈串联后，通过断路器辅助接点接到断路器跳闸线圈上。

正常运行情况下，电流继电器线圈内通过电流很小，继电器不动作，其接点是断开的，因此，时间继电器线圈与电源不构成同路，保护处于不动作状态。线路故障情况下，例如在线路某处发生短路故障时，线路上通过短路电流，并通过电流互感器反映到二次侧，接在二次侧的电流继电器线圈中通过与短路电流成一定比例的电流，当达到其动作位时，电流继电器3或4瞬时动作，闭合其常开接点，将由直流操作电源正母线来的正电源加在时间继电器5的线圈上，其线圈的另一端接在由操作电源的负母线引来的负电源上，时间继电器5起动，经过一定时限后共接点闭合，正电源经过其接点和信号继电器6的线圈、断路器的辅助接点7和跳闸线圈8接至负电源。信号继电器6的线圈和跳闸线圈8中有电流流过，跳闸线圈8带电后使断路器1跳闸，短路故障被切除，继电器6动作发出信号。此时电流继电器线圈中的电流突变为零，保护装置返回。信号继电器动作后，一方面接通中央事故信号装置，发出事故音响信号；另一方面信号继电器本身"掉牌"（信号继电器的结构见第五节），在控制盘上显示"掉牌未发归"的光字牌。

从以上分析可见，归总式原理图能概括地给出保护装置或自动装置的总体工作概况，它能够清楚地表明二次设备中各元件形式、数量，电气联系和动作原理。但是，它对于一些细部并未表示清楚，例如未画出元件的内部接线、元件的端子标号和回路标号，直流探作电源也只标明极足。尤其当线路支路多，二次回路比较复杂时，对回路中的缺陷更不易发现和寻找。因此，仅有归总式原理图，还不能对二次回路进行维修和安装配线。下面介绍的展开式接线图便可以弥补这些缺陷。

（二）展开接线图

展开接线图是用来说明二次回路动作原理的，在现场使用极为普遍。展开接线图的特点是将每套装置的交流电流回路、交流电压回路和直流回路分开来表示。为此，将同一仪表或继电器的电流线圈、电压线圈和接点分开画在不同的回路里，为了避免混淆，将同一元件的线圈和接点采用相同的文字标号。

在绘制展开图时，一般将电路分成几部分，即交流电流回路、交流电压回路、直流操作回路和信号回路。对同一回路内的线圈和接点则按电流通过的路径自左至右排列。交流回路按 a、b、c 的相序，直流回路按动作顺序自上至下排列。在每一行中各元件的线圈和接点是按实际连接顺序排列的。在每一回路的右侧通常有文字说明，以便于阅读。

在展开图的直流操作回路中，绘在两侧的竖线条表示正、负电源，向上的箭头及编号 101 和 102 表示它们是从控制回路用的熔断器 IRD 和 2KDf 面引来的。横线条中上面两行为过电流保护的时间继电器起动回路，第三行为跳闸回路。最下面一行为"掉牌未笈归"的信号回路。展开图接线清晰、易于阅读，便于了解整套装置的动作程序和工作原理，对宽杂的电路，其优点尤为突出。

（三）文字代号、图形符号及回路数字标号

原理图及展开图中，使用了图形符号代表继电器、线圈、接点等，也使用了字母表示这些元件，还用了一些数字表示回路性质。下面对二次回路中常用的图形符号、文字代号和回路标号摘要列出，以供读者阅读时查阅。

1. 文字代号

为了便于阅读和记忆二次回路图纸，在设备或元件的图形符号上方，以汉语拼音字母表示出该二次设备及元件的名称。

2. 图形符号

在原理图或展开图中所采用的设备及元件，通常都用能代表该设备及元件特征的图形来表示，使人们一看到图形便能联想到它所代表的特征。

在二次接线图中，所有继电器的接点和开关电器的辅助接点都是按照它们的正常状来表示。这里所谓的正常状态是指开关、继电器不通电的状态。这就是说，当继电器线圈和开关电器不通电时，常开接点是断开的；反之，不通电时，常闭接点是闭合的。

3. 回路数字标号

二次回路用数字标号的目的有两个：一是确定回路的用途，使我们看到数字标号后便能了解回路的性质；二是为了便于安装、维修、使用和记忆。

回路标号由三个及以下的数字组成，对于交流回路为了区分相别，在数字前面还加上八、B、C、N 等文字符号。对不同用途的回路规定了编号数字的范围，对某些常见的重要回路（例如直流正、负电源回路，跳、合闸回路）都给出了固定编号。

三、二次回路的操作电源简介

在发电厂和变电所中，继电保护和自动装置、控制回路、信号回路及其他二次回路的工作电源，称为操作电源。操作电源有交流操作电源和直流操作电源。要求操作电源供电可靠，特别是当交流系统发生事故的情况下，仍能保证连续供电，并且电源电压的波动不应超过一定的容许范围。

（一）直流操作电源

蓄电池组是直流操作电源的主要设备。它是独立的电源装置，不受电力系统交流电源的影响，即使在整个交流电源全部停电的情况下，也能保证用电设备可靠而连续地工作。目前在各大、中型发电厂和变电所中仍被广泛使用。由于蓄电池装置必须有专门的建筑物，价格较贵，运行维护复杂，故逐渐用交流整流来代替蓄电池的部分工作。例如用交流整流电源作为操作电源，而蓄电池组仅作为断路器合闸和操作电源的备用电源。蓄电池组电源除供给操作电源外，还供给事故照明和作为某些厂用机械直流电动机的备用电源。

蓄电池组直流系统工作电压一般为 220V 或 110V，有时亦采用 48V 或 24V。

通常蓄电池组采用固定式铅酸蓄电池。蓄电池在使用时，多采用浮充电运行方式，即浮充电源与蓄电池并列运行。蓄电池经常处于充电状态，正常的直流负载内。送充电源供给，仅在冲击直流负载，如断路器合闸时及交流电源发生故障时，改由蓄电池组供电。浮充电源及充电电源可用直流发电机组和硅整流装置，由于直流发电机组运行维护工作较复杂，现在多采用硅整流电源。

（二）整流操作电源和交流操作电源

硅整流器代替蓄电池组的操作电源称为整流操作电源。它与蓄电池组比较，具有节省投资，降低有色金属和器材消耗，运行维护简单等优点。但是，由于硅整流直流系统受电力网电压影响较大，一般要求能有两个独立交流电源给硅整流器供电。

当电力系统发生故障，交流电压大幅度降低扶至消失时，硅整流器输出的直流电压有可能很低，以致无法保证系统正常工作。为此可采用硅整流电容器储能等予以解决。

采用交流操作电源就可使操作回路单元化。每个电气元件（线路、变压器等）都用本身的电流互感器作为操作电源，可以减少二次回路之间的互相影响，从而简化二次接线，节省操作电缆和占地面积，降低造价。但是，出于交流操作电源的可靠性不如直流操作电源，故目前交流操作还仅限于在中小型变电所中采用，特别是在中小型工业企业用户变电所和农村变电所中应用较广一些。

第二节 测量表计回路和互感器的配置

一、测量表计回路

发电厂和变电所中需要进行的电气检测的电气参量有：电流、电压、有功和无功功率、版率以及有功和无功电能等。各个回路根据其性质和特点的不同，需要进行电气检测的内容以及所需配置仪表的种类和数目将有差异。配置仪表的原则，首先应根据运行的需要且数目不宜过少，以避免多次的换算和切换。

主要回路的测量和监察仪表都集中装在主控制室内。为了节省控制电缆，有时也将某些较次要回路的仪表装在屋内配电装置中。住发电厂中的某些设备（如汽轮发电机、厂用电动机等）附近还另设有车间控制盘，用来装设仪表和控制设备等。

二、互感器的配置

为了测量和保护等目的，发电厂和变电所的主接线的各个回路中（发电机、变压器、母线、进出引线等），装有不同型式和数目的电流互感器和电压互感器：

1.电流互感器的配置，主要先确定在回路的三相中或只在两相（A 相和 C 相）中装设电流互感器。

在发电机、主变压器（包括大型的厂用变压器）和 110kV 及以上的大电流接地系统的各个回路中，为了测量同时也考虑到继电保护装置的需要，一般应在三相中装设电流互感器。对于非主要回路则通常只在两相中装设电流互感器，即可满足测量仪表和继电保护的需要。

为减少装设互感器的数目，一般都采用双铁卷或多铁芯的电流互感器，以便同时供测量仪表与继电保护的需要。在升高电压（35kV 及以上）侧，大多采用装在断路器两侧套管中的电流器（采用空气断路器与 SFG 断路器时例外）。

2.电压互感器的配置，除了考虑测量仪表与继电保护的需要外，还应当考虑发电机与系统并联运行的需要。例如，为了使发电机能在升压变压器低压便于与系统同步，在该处装了一套单相按 U/U 接法的电压互感器，同时还可用它来供电给升压变压器回路的测量仪表。所识 V/V 形接法又称不完全三角形接法。它只需要两只单相电压互感器，但可以测量三相系统的线电压，这种接线方式广泛应用于中性点不接地或经消弧线圈接地的电力网中。

为了同时满足测量仪表、继电保护等的需要，一般都在母线上装设三线圈式电压互感器。其中一个星形接法的副线圈用以取得测量和保护所需要的线电压和相对地电压；另一个三角形接法的副线圈，接成开口三角形（C），并接入一只电压继电器（或电压表）。当正常运行时，闭合的三相线圈内感应电势之和约等于零，因此加在电压继出器端子上的电压也为零。但当电网中发生单相接地时，开口三角形端头上将出现三倍的零序电压，从而使电压继电器动作于信号或跳闸。但是，为了避免单相接地时所产生的零序磁通经过空气等形成回路而造成零序激磁电流增大以致烧坏电压互感器，所以这种接线的互感器不能采用三柱式铁芯，必须采用零序磁通能在铁芯内形成闭路的三相五柱式铁芯或单相组式铁芯。通常 6~10kV 母线上采用三相五柱式电压互感器；而 35kV 以上电压，则采用三个单相三线圈的互感器组。

第三节　控制和信号回路

一、基本概念

发电厂和变电所中各种开关电器（如断路器、隔离开关、接触器、磁力起动器等）的装设地点与控制它们的地点通常不在一起，所以必须借助于控制系统对这些设备进行控制。一般发电厂和变电所内控制距离约由几十米至几百米，这种控制称为集中控制。对于某些自动化程度很高的发电厂和无人值班变电所，控制地点往往在距离几十公里甚至几百公里外的系统调度所，这样的控制称为遥远控制。以上两种控制系统的构成原理是不相同的，这里只简单介绍一下集中控制系统。

开关电器的集中控制系统由控制设备、中间环节和操动机构三部分组成。

1. 控制设备包括手动控制开关和自动控制装置，用来控制开关电器的操动机构。目前发电厂和变电所中常用的手动控制开关为 LW2-Z 型，它具有多对接点，除可用以完成开关电器的控制任务外，还可以同时控制表示开关电器位置（闭合或断开）的信号回路，并在事故情况下与发出信号的系统相联系。手动控制开关一般装在控制屏上。

2. 中间环节主要是执行控制信号的各种回路及设备，它包括所有的连接回路、合闸接触器和合闸母线等。两者的作用是由于一般电磁操动，机构的跳闸线圈（TQ）取用的电流不大，因此，可用控制开关的接点直接去应制；但合闸线圈（HQ）则需很大的电流（几十到几百安），不可能用控制开关的接点直接去控制，而需借助于合闸接触器（HC）去间接控制。此时，合闸线圈经合闸接触器的接点连接到合闸母线（HM）上，由于控制接触器合闸所需要的电流很小（0.5~1A），可用控制开关的接点直接去控制，此后，再利用接触器的接点去闭合断路器的合闸线圈回路。

3. 操动机构。发电厂和变电所的高压断路器一般采用电磁操动机构。操动机构的工作特点是动作时间很短（0.1~0.2S），因此操动机构的合闸和跳闸线圈都是按照短时通过控制电流而设计的。

二、断路器的控制回路

发电厂和变电所内断路器的集中控制回路有几种型式，通常这种回路是根据下列的一般要求而设计的：

1. 控制电流必须为脉冲电流。这点是由操动机构的合闸和跳闸线圈系按短时通过控制电流设计所决定的。因此，在完成控制任务以后，应立即自动断开线圈回路，以免由于过热而使线圈烧坏。

为满足上述要求，在合闸或跳闸回路中，串接入断路器的常开或常闭辅助接点 DL。它装在断路器的操动机构上，通过机械的联系，随操动机构而动作。例如，在合闸回路中装的常闭辅助接点 DL，在合闸前闭合，当操动机构动作使断路器合闸后，它立即随之断开，这就保证了流过合闸线圈电流的脉冲性质。

为防止辅助接点 DL 故障动作失灵，控制电流长期流过以至使台闸或跳闸线圈烧坏，控制开关（KK）的合闸或跳闸接点在完成控制任务后，只要人手释放控制手柄，即能在弹簧的作用下自动断开。最后，控制开关手柄停留在"闭合"或"断开"的位置。

2. 能自动控制。为适应事故情况下的需要，除手动控制断路器的合闸和跳闸外，控制回路还应保证在自动装置和继电保护装置的作用下，能自动使断路器合闸和跳闸。

3. 有表明手动控制的位置信号。由于控制是在远方进行，控制回路应有能反映断路器闭合或断开状态的位置信号。

这个要求，可以在控制回路中装入信号灯来实现。绿灯（LD）经过电阻 R 接入合闸回路内，当断路器处于断开状态时，KK_{11-10} 和断路器的常闭辅助接点 DL 均闭合，绿灯接通发光。红灯（HD）经电阻 R 接入跳闸线圈回路，当断路器处于闭合状态时，KK_{16-13} 和常开辅助接点 DL 均闭合，红灯接通发光。电阻 R 使合闸和跳闸回路中只通过很小的电流，不致使断路器动作，当控制回路工作时，此电阻则被 KK_{5-8} 或 KK_{6-7} 所短接。

将红、绿灯按照上述方法接入，同时也起着分别监视跳闸和合闸控制回路是否完好（例如断线）的作用。

4. 有表明自动控制的位置信号。事故情况下，某些断路器可能由于自动装置或继电保护装置的作用自动合闸或跳闸。为使值班人员及时发现事故回路，有必要使之与手动控制的合闸或跳闸区别开，为此，在控制回路中，装设有事故发光信号。它是在上述红、绿灯的电路中，另接入一闪光电源，当断路器自动合闸或跳闸时，闪光电源将自动接入使红灯或绿灯发出闪动的光。

闪光电源的自动接入，是利用断路器的实际位置和控制开关手柄位置的"不对应"的关系来实现的。例如，用人手控制断路器合闸后，控制开关手柄停留在"闭合"位置，其接点 KK_{9-12} 是闭合的，这样就将绿灯（LD）的一个极接到了闪光母线 $[(K+)SM]$ 上。但合闸后断路器的常闭辅助接点 DL 断开，故绿灯回路并未接通，如果此时断路器因事故自动跳闸，其常闭辅助接点 DL 闭合，而控制开关手柄仍停留在"闭合"位置，与断路器的实际位置不对应。接点 KK9T2 仍保持闭合状态，因此，绿灯在控制母线（-KM）和闪光母线间接通。由于闪光母线上具有脉冲的直流电压，故绿灯发出闪动的光。只有当值班人员将控制开关手柄复归到"断开"位置时（此时 KK972 断开，切除闪光电源，KK_{10-11} 闭合接通控制电源），绿灯才恢复到平面发光。

同样分析可知，当断路器定自动装置作用下自动合闸时，红灯（HD）将发出闪动的光。

闪光电源由两个中间继电器 ZJT 和 ZJ-2 组成。当控制回路发生"不对应"关系时，由于接点 KK9T2（或 KKI4-15）和断路器辅助接点 DL 闭合，维电器 ZJ-1 的线圈经 ZJ-2 的常闭接点接通而启动，使其常开接点闭合，将 ZJ-2 启动。ZJ-2 的延时分开接点闭合，使闭光母线充电，将 +KM 电源引入控制回路的闪光信号灯，发出闪光信号。与此同时，ZJ-2 的常开接点闭合将 ZJ-1 的线圈短接，其常闭接点则使 ZJ-1 的回路断开。在 ZJ-1 线圈断开后，其常开接点又断开 ZJ-2 的线圈回路，于是 ZJ-2 的常开接点将断开，使控制电源切除，闪光母线失压，控制回路闪光信号消除。与此同时 ZJ-2 的常闭接点闭合使 ZJ-1 整复启动，开始新的循环，再使闪光母线 $[(+)SM]$ 上获得脉动的直流电压。为了使闪光清晰可见，继电器 ZJ-1 和 ZJ-2 的接点在动作时均具有延时。

在正常情况下，闪光电源装置并不启动，可用试验按钮（YA）和闪光试验灯（SYD）来检查其是否良好。

在事故情况下，除用闪光信号位值班人员能迅速发现事故回路外，通常控制回路中还备有接点接通事故发声信号以引起值班人员的注意。控制开关接点 KKl-3，KKI9T7 与断路器常闭辅助接点 DL 串联，接在事故音响信号母线（SYM）上。在断路器因事故自动跳闸而发生前述"不对应"关系时，这些接点都闭合，使发声信号装置接通而发出音响信号。对此，下面还将进一步介绍。

5. 具有防止跳跃的闭锁装置。断路器合闸在永久性短路的线路上后，继电保护将动作使断路器跳闸，如果操作人员仍将控制开关手柄处于"合闸"位置或自动合闸装置的接点 ZZJ 长期卡住，则断路器又会再次合闸。这种合闸—跳闸—再合闸的反复过程，称为断路器的"跳跃"。它可能使断路器损坏。因此，当所用操动机构没有防止"跳跃"的机械闭锁装置时，断路器控制回路应设有防止跳跃的电气联锁装置。

跳跃闭锁继电器，它具有两个线圈，电流线圈接在揉动机构的跳闸线圈 TQ 之前；电压线圈则经过其本身的常开接点 TBL 与合闸接触器线 ESHC 并联。当继电保护装置动作，接点 J 闭合而使断路器跳闸，线圈 TQ 回路接通时，同时也接通了 TBJ 的电流线圈，并使之启动。其常闭接点 TBJ，断开，将 HC 回路断开，避免了断路器再次合闸；常开接点 TBL 闭合，如果此时控制开关的接点 KK5-8 或自动装置接点 ZZJ 长期闭合，则 TBJ 的电压线圈将接通而自保持，从而防止了断路器的"跳跃"。接点 TBJS 与继电器接点 J 并联，用来保护后者，使不致断开超过其接点容量的跳闸线圈电流（接点 DL 可能较 J 后断开）。

三、事故跳闸音响信号系统

发电厂及变电所在运行中需要各种信号系统，如上述指示断路器、隔离开关等开关电器在断开位置或闭合位置的位置信号，表明设备处于事故状态的事故信号，用来在主控制室和其他车间之间指挥运行的指挥信号等。

事故跳闸音响信号系统的任务是断路器在继电保护的作用下事故跳闸后，由装在主控制室的电喇叭发出声光信号报警。值班人员可根据闪光绿灯，迅速查明事故跳闸的断路器。

事故跳闸音响信号系统，应满足下列要求：

（1）任一断路器事故跳闸后，均可由其控制回路接通共用电喇叭，发出音响；

（2）音响信号系统应能保证：任一断路器事故跳闸，发出声光信号后，在保留该断路器事故跳闸闪光信号（标志该回路的事故尚未解除）的情况下退出音响信号，以便其他断路器事故跳闸时能再次发出音响信号。

为了保证重复动作，采用了一只音响信号脉冲继电器（YMJ），它是由一只电压互感器 YH 和一只极化继电器组成的。极化继电器由永久磁铁、带有两个绕向相反线圈的电磁铁和一个可动的电枢组成。当一定方向的电流流过电磁铁的线圈 1 时，在电枢上将出现一定的极性（如 S 极），此时电枢将被吸引到永久破铁的相反极性（N 极）一侧，使接点闭合。在线圈 1 电流中断以后，由于永久磁铁的作用，接点仍能保持闭合。为了断开接点，需要在线圈 2 中通以同一方向的电流，电枢上即出现另一极性（如 N 极），它将被永久磁铁的另一极性（S 极）所吸引，接点就断开。

极化继电器的线圈 1 接到电压互感器 YH 的副边，线圈 2 接在中间继电器 ZJ 的一个常开接点回路中。

所有断路器的控制回路中，均有一条由控制开关接点和断路器的常闭辅助接点 DL 组成的回路连接到事故音响母线上，音响信号脉冲继电器（YMJ）的电压互感器

（YH）原线圈接在直流正电源和 SYM 上。当一台断路器事故跳闸时，KK 的接点处于闭合位置，由于辅助接点 DL 闭合，直流负电源送至 SYM，使 YH 的原线圈通过电流，在其电流达稳定值以前的暂态过程中 YH 的副线圈将感生 W 态电流，流过极化继电器的线圈 1，使得 YMJ 接点闭合启动 ZJ。常开接点 ZJ-3 接通电喇叭发出故障音响信号，接点 ZJ-2 接通自保持回路，ZJT 接通极化继电器的线圈 2 像接点 YMJ 自动复归，以准备再次动作。当需撤除音响信号时，可按下按钮 JXA，断开力自保持回路，声音即终止。

当控制回路中控制开关尚未转到与断路器相对应的"断开"位置时，YH 的原线圈将保持一稳定的直流电流通过，因此不会在副线圈内感生电势，接点 YMJ 不致动作。如果此时另一台断路器又发生事故跳闸，则因串联在 YH 原线圈侧的电阻减小（例如 RT 与 R-2 并联后电阻减小），而引起原线圈中电流的突变（增大），故在副线圈中又将感应电势，再次启动极化继电器线圈 1，使接点 YMJ 闭合，重新发出事故音响信号。只要适当选择附加电阻 RT、R-2 等的数值，在控制开关转到"断开"位置之前，可以重发发出几次（受 YH 饱和的限制）音响信号。

控制开关最后必须还原到"断开"位置，此时 YH 原线圈内的电流突然减小，也会在二次线圈中感生电势，但方向与电流突增时相反，因此流过极化继电器线圈 1 的电流只能使电枢产生 N 极性，接点 YMJ 不可能闭合，不致错误发出音响信号。

按钮 YA 是用来试验信号回路是否完好的。

第四节　继电保护的一般问题

一、继电保护的作用

如前所述，电力系统在运行中，可能发生各种故障和不正常运行状态。最常见同时也是最危险的故障是各种型式的短路，它严重地危及设备的安全和系统的可能运行。此外，电力系统还会出现各种不正常运行状态，最常见的如过负荷等。

在电力系统中，除了采取各项积极措施，尽可能地消除或减少发生故障的可能性以外，一旦发生故障，如果能够做到迅速地、有选择性地切除故障设备，就可以防止事故的扩大，迅速恢复非故障部分的正常运行，使故障设备免于继续遭受破坏。然而，要在极短的时间内发现故障和切除故障设备，只有借助于特别设置的继电保护装置才能实现。

所谓继电保护装置，就是指能反映电力系统中电气设备所发生故障或不正常状态，并动作于断路器跳闸或发出信号的一种自动装置。它的基本任务是：

（1）自动地、迅速地、有选择性地将故障设备从电力系统中切除，以保证系统无故障部分能迅速恢复正常运行，并使故障设备免于继续遭受破坏。

（2）反映电气设备的不正常工作状态，根据运行维护的条件（例如有无经常值班人员），而动作于信号、减负荷或跳闸。这时，保护动作可以带有一定的延时，以保证动作的选择性。

二、继电保护的基本原理

当电力系统发生故障时，总是伴随有电流的增大、电压的降低以及电流电压之间相位角的变化等物理现象。因此利用这些物理量的变化，就能正确地区分系统是处于正常运行、发生故障或出现不正常的工作状态，从而实现保护。例如：利用短路时电流增大的特征，可构成过电流保护；利用电压降低的特征，可构成低电压保护；利用电压和电流比值的变化，可构成阻抗保护；利用电压和电流之间相位关系的变化，可构成方向保护；利用比较被保护设备各端的电流大小和相位的差别可构成差动保护等。此外，也可根据电气设备的特点实现反映非电量变化的保护，反映变压器油箱内故障的瓦斯保护、反映电机绕组温度升高的过负荷保护等就属非电量变化的保护。

上述各类保护装置都是由一个或若干个继电器按照其性能和要求连接在一起而组成的。

继电保护装置一般可分为测量部分、逻辑部分和执行部分。测量部分时时刻刻监视着被保护设备的运行状态，并不断地把输入信号和整定值相比较，以便判断保护装置是否应该动作。它的输出量经过逻辑部分加工后发出信号给执行部分，执行部分将此信号放大后，根据逻辑部分所做的决定执行保护任务，分别作用于信号或跳闸。

三、对继电保护装置的基本要求

为完成继电保护的基本任务，必须满足以下四个基本要求，即选择性、快速性、灵敏性和可靠性。在一般情况下，作用于断路器跳闸的继电保护装置，应同时满足上述四个要求，而对作用于信号的继电保护装置，其中一部分要求可降低（如快速性）。这些基本要求是分析研究继电保护性能的基础。

1.选择性。选择性是指系统发生故障时，继电保护装置仅将故障元件从系统中切除，以尽量缩小停电范围，保持其他非故障元件仍继续运行。

保护装置的选择性，是依靠选择适当类型的继电保护装置和正确地选择整定值使各级保护相互配合而实现的。

2.快速性。为了保证电力系统运行的稳定性和对用户可靠供电，以及避免和减轻电气设备在事故时所遭受的损害,应力求尽可能快地切除故障。

由于既动作迅速又能满足选择性要求的保护装置往往结构较发杂,价格也较高,在很多情况下,电力系统也容许继电保护带有一定的延时切除故障,而不致影响到系统的正常工作,这时就可以采用较简单的保护。因此,对保护快速性的要求,应当根据电力系统的接线以及被保护设备的具体情况来确定。

对于反映不正常工作状态的保护,一般不要求快速动作,而应按选择性要求,带有延时地发出信号。

3.灵敏性。继电保护装置的灵敏性,是指对其保护范围内发生故障或不正常工作状态的反映能力。能满足灵敏性要求的保护装置应该是:在事先规定的保护范围内故障时,不论短路点的位置、短路的类型、最大运行方式还是最小运行方式,都能正确地灵敏地反映故障。所谓最大运行方式和最小运行方式是指在同一地点发生同一类型短路时,流过某一保护装置的电流达到最大值和最小值的运行方式。它与系统实际运行的接线方式、电源容量等有关。

保护装置的灵敏性,通常用灵敏系数来衡量。对于各种类型的继电保护装置,其灵敏系数的要求,应符合电力工业部颁发的《继电保护和自动装置设计技术规程》中的具体规定。

4.可靠性。可靠性是指当保护范围内发生故障或出现不正常工作状态时,保护装置能够可靠地动作而不致拒绝动作;而在保护范围外发生故障或者系统内没有故障时,保护装置不发生误动作。保护装置拒绝动作和误动作,都将使保护装置成为扩大事故或直接产生事故的根源。因此,提高保护装置的可靠性是非常重要的。保护装置的可整性,主要取决于接线的合理性、制造的工艺质量、安装维护水平、保护的整定计算和调整试验的准确程度等等。

随着电力系统的发展,机组和系统容量的增大,以及电力网结构的日益复杂,对上述四个方面提出了越来越高的要求,继电保护技术也正是在不断满足这些要求的过程中发展和完善起来的。

第五节　继电器

目前用于电力系统中的继电器主要有电磁式与晶体管式两大类。长期以来,一直使用电磁式继电器,晶体管继电器是近十多年发展起来的。下面简单介绍一下它们的原理和结构。

一、电磁式继电器

（一）电磁式电流继电器

电磁式继电器的典型代表是电磁式电流继电器，它既是实现电流保护的基本元件，也是反映故障电流增大而自动动作的一种电器。

（二）电磁式辅助继电器

在继电保护装置中，为了实现保护装置的功能，还需要应用一些辅助继电器，如时间继电器、中间继电器和信号继电器等。

1. 时间继电器

时间继电器的作用是造成一定的延时，从而实现保护装置的选择性配合。例如，它可以与瞬时动作的电流继电器一起实现定时限的电流保护。

常用的电磁式时间继电器由电磁启动机构和延时机构所组成。

电压时，继电器的铁芯被瞬时吸入，于是放松了正常时由铁芯所顶住的杠杆，在拉力弹簧的作用下，扇形轮便顺时针转动，并带动齿轮逆时针转动，与齿轮同轴的摩擦离合器也随着逆时针转动。摩擦离合器在逆时针方向转动时，由于小弹簧和滚珠的作用，紧紧地卡牢套圈，使套圈与主动轮一并随着逆时针转动。在摆卡的作用下，摆轮的转动为断续的，且其转速被限制为一定，这样便使主传动轮以恒定的转速转动。经过预先整定的时限，可动接点与固定接点闭合，于是继电器动作。由于转速恒定，所以时间刻度是均匀的。当加于继电器线圈的电压断开后，返回弹簧将铁芯顶回原位，杠杆也就被铁芯顶回原位，它使扇形轮逆时针转回原位，带动齿轮顺时针返转回原位，与齿轮同轴的摩擦离合器的星形轮顺时针转动时，与套圈脱开，不再传动主传动轮及后面的延时机构，因此齿轮的顺时针转回是无阻挡的，因而是瞬时的，即时间继电器的这对接点是延时动作而瞬时返回的。移动固定接点的位置，便获得了不同的时间整定值。此外，继电器还有两对瞬时动作接点，一对常开，一对常闭，当继电器加上电压，铁芯瞬时吸入时，立即带动触头使常闭接点开启及常开接点闭合。

2. 中间继电器

中间继电器的作用是在继电保护电路中扩大接点的数量和方式（如常开、常闭等），增大接点的容量（相应于断开和闭合电流的能力）以及造成很小的动作时间，以适应保护装置的需要。中间继电器通常由电磁式原理构成。在继电器线圈通入电流后，衔铁在电磁力作用下被吸向电磁铁，继电器即动作，常开接点闭合；如果接点为常闭式，则在继电器动作时，接点打开。当继电器失电时，在弹簧的作用下，继电器立即返回到初始的位置。

3. 信号继电器

信号继电器的作用是在保护装置动作时给出指示，并动作于声、光信号。这种继电器通常也是应用电磁式原理构成的。当保护动作时，信号继电器线圈中通入电流，衔铁被吸上，信号牌便被释放掉下，通过玻璃小窗，便可明显地观察到信号继电器已经动作。信号牌可以从外部手动复归。当继电器动作时，信号牌的转轴上的接触片将接点闭合，于是可以接通声、光信号装置。信号继电器做成电流线圈及电压线圈式两种，可以根据需要，串联或并联于保护回路中。继电器的动作时间只有数百分之一秒，所以对于整个保护的动作时间影响很小。

二、晶体管式继电器简介

晶体管式继电器是无接点的，它具有不怕震动，工作可靠，动作速度快，装置紧凑等优点，因而晶体管继电器的应用正越来越广泛。晶体管式继电器通常由测量回路、比较回路（逻辑回路）、输出回路（执行回路）等所组成。根据继电器的种类、特点等的不同，使用了各种晶体管电路与触发器。下面仅以晶体管时间继电器为例，来对晶体管继电器的组成和工作情况，做一个最基本的介绍。

如果把这种晶体管时间继电器与上述电磁式时间继电器加以对比，可以看出晶体管式的结构要简单、紧凑得多。但晶体管式继电器的性能易受温度变化的影响，而且也不够直观。

此外，近年来国外还发展了更加先进的采用微型计算机的成套继电保护装置，从而根本上改变了传统的继电器结构。这种新型保护目前我国也正在研制中。

第六节　过电流保护

一、保护相间短路的定时限过电流保护

（一）动作原理

过电流保护的动作原理是建立在电力系统发生短路时电流增大这一特点的基础上的。因而，可以说过电流保护就是反映被保护设备电流也增大且当其超过某一预定值而动作的保护。通常，过电流保护装置中电流继电器的起动电流应大于最大负荷电流，以保证正常时不致起动。

为了实现上述要求，可以采用保护的动作时限由用户起逐级增加的做法，即越接

近电源时限越长。这种选择保护动作时间的方法称为阶梯原则。相邻两保护间的动作时间差小称为时限阶段。这种时限特性有一个特点，就是只要通过继电器的电流大于其动作电流，保护就能按预定的时间动作，其动作时间是一定的，与短路电流大小无关。我们把具有这种时限特性的过电流保护叫作定时限过流保护。

从以上分析可见，定时限过电流保护包括两个主要元件：一是起动元件（即电流继电器），用它来判断保护范围内是否发生了故障；另一个是时间元件（即时间继电器），构成适当的延时，以获得选择性。除了主要元件外，在跳闸回路中，还串联着一个信号继电器，作为辅助元件，用来发出保护装置动作的掉牌信号。

（二）电流保护的接线方式

作为相间短路的电流保护，其电流继电器与电流互感器二次线圈之间的连接方式主要有下列三种：

（1）三相三继电器的完全星形接线，简称完全星形接线；

（2）两相两继电器的不完全星形接线，简称不完全星形接线；

（3）两相一继电器的两相电流差接线，简称两相电流差。

完全星形接线和不完全星形接线的区别，仅在于后者的 B 相没有装设电流互感器和继电器，而两相电流差接线则是将 A、C 两相所装电流互感器差接起来后，只接一个电流继电器。

这三种接线方式中，完全星形接线可以完全反映一次线路中各相的电流，它可以同时实现相间短路与接地短路的保护，从保护性能上看是最理想的，但它所用的设备较多。这种方式主要应用于 110kV 及以上的大接地电流系统。不完全星形接线可以保护各种相间短路，但不能完全反映单相短路，当 Y/△接线变压器的副边的 A、B 相或 5、C 相短路时，保护装置的灵敏度将降低一倍。其优点是所装的互感器与继电器的数目可减少，目前这种方式广泛用于 10~35kV 的小接地电流系统。两相电流差接线所装继电器最少，接线也最简单，但当 Y/△接线变压器的副边短路时，流过继电器的电流可能为零，这样保护装置将拒绝动作，故其可靠性较低，这种方式主要用于大中型电动机及不太重要的 6~10kV 线路的保护。

二、电流速断保护

（一）无时限电流速断保护

由于过电流保护的起动元件的动作电流是按最大负荷电流来整定的，所以它只得依靠采用按阶梯原则的时限特性来获得选择性，从而使得保护范围总是延伸到相邻元件上。如果我们把起动元件的动作电流增大，限制其保护范围使它不反映相邻元件上的短路，就可不用时限配合来保证选择性。无时限电流速断保护（以下简称电流速断）

就是依靠采取保护装置一次侧动作电流大于保护范围外短路时的最大短路电流而获得选择性的一种电流保护。

电流速断的主要优点是接线简单，动作迅速，在结构复杂的多电源电力网中能有选择性地动作；主要缺点是保护范围较小，且受运行方式变化的影响。

（二）限时电流速断保护

由于电流速断不能保护线路全长，因此考虑增设一套新的保护，用来保护电流速断保护范围以外的一部分线路长度，同时也作为电流速断的后备保护。对这个新装设的保护，一般要求在任何情况下都能保护线路的全长并具有足够的灵敏度，且在满足上述要求的前提下，力求具有最小的动作时限。由于它能以比过电流保护小的时限切除全线路范围的故障，而且其动作电流是按与相邻线路电流速断的动作电流相配合来选择的，因此称之为限时电流速断保护。

三、三段式电流保护

电流速断和限时电流速断可以作为本线路的主保护，但它不能作为相邻线路的后备保护，如果再附加一套定时限过电流保护，作为本线路及相邻线路的后备保护则构成一套完整的三段式电流保护。三段式电流保护在电力网得到了广泛应用。

三段式电流保护广泛用于 35kV 及以下电力网中作为相间短路的保护。在更高电压等级的电网中，当能满足系统对继电保护的基本要求时，也可以用它代替其他比较复杂的保护。

四、方向过电流保护的工作原理

对于由多电源组成的复杂网络，上述简单的电流保护已不能满足系统运行的要求。由于在正常运行时，功率方向可能是从母线指向线路，因而方向元件在正常状态下有可能动作，所以不能仅仅用方向元件构成保护，而必须和电流继电器配合使用。因此，方向过电流保护装置一般由三个元件组成，即电流测量元件、功率方向元件和时间元件。电流测量元件的作用是判断是否发生了故障。方向元件的作用是判断短路功率是否从母线指向线路，以保证其动作方向的选择性。时间元件的作用与在过电流保护中相同，以一定的延时获得在同一动作方向上的选择性。

在由单个继电器组成的方向继电保护装置中，方向元件一般选用功率方向继电器来实现，对功率方向继电器的要求是：要有明确的方向性，正确判断方向，动作快，灵敏度符合要求。功率方向继电器可按感应型、整流型和晶体管型等原理构成。

由以上分析可知，在具有两个以上电源的网络中，必须采用方向电流保护才能保证各保护之间的选择性，方向过电流保护也可以做成三段式，这是它的优点，但应用了方向元件以后将使接线复杂，同时在保护安装地点附近三相短路时，由于母线电压降低至零，方向元件有可能拒绝动作。

由于存在上述缺点，应尽量不装设方向元件，只有当用时限元件不能保证选择性时，才在保护装置中增加方向元件。

第七节　变压器的继电保护

一、概述

电力变压器是电力系统中十分重要的电气设备，它的故障将对系统的正常运行带来严重的影响，同时大容量的变压器又是非常贵重的设备。因此必须根据变压器的容量和重要程度装设性能良好、工作可靠的继电保护装置。

变压器的故障可分为油箱内及油箱外故障两种。油箱内的故障包括线圈的相间短路、接地短路、匝间短路、层间短路以及铁芯的烧损等。油箱内故障时产生的电弧将引起绝缘物质的剧烈气化，从而可能引起爆炸，所以油箱内的故障必须迅速切除。油箱外的故障，主要是套管和引出线上发生的短路。

变压器的不正常工作情况有：由于外部短路和过负荷引起的过电流；油面极度降低和电压升高等。

根据上述的故障情况，变压器一般应装设下列保护：

1. 瓦斯保护。对于油浸式变压器，当内部故障时，短路电流所产生的电弧将使绝缘物质和变压器油分解，从而产生大量的气体，利用这种气体的保护装置就叫作瓦斯保护装置。

2. 纵差动保护或电流速断保护。对变压器线圈、套管及引出线上的故障，应根据容量的不同，装设纵差动保护或电流速断保护，上述保护动作后，均应跳开变压器各电源侧的断路器。

3. 过电流保护。为防御外部相间短路时引起的变压器过电流，并作为差动保护、瓦斯保护的后备，为此应装设下列类型的过电流保护：

（1）过电流保护，一般用于降压变压器；

（2）复合电压起动的过电流保护，一般用于升压变压器及过电流保护灵敏度不满足要求的降压变压器上；

（3）负序电流及单相式低电压起动的过电流保护，一般用于大容置的升压变压器和系统联络变压相。

4.零序保护。为防御大接地短路电流电力网中由于外部接地短路而引起的过电流，如变压器中性点接地运行，应装设零序电流保护。

5.零序过电压保护。在大接地短路电流电力网中，为防御发生接地时系统中部分中性点接地的变压器跳开后，低压侧有电源而中性点不接地的变压器仍带接地故障运行，应根据具体情况，装设专用的零序过电压保护。

6.过负荷保护。为防御对称过负荷应装设过负荷保护，过负荷保护一般接在一相电流上，并延时作用于信号。对无经常值班人员的变电所，必要时过负荷保护可动作于自动减负荷或跳闸。

本节将重点介绍变压器的纵差动保护。

二、变压器的瓦斯保护

如前所述，当油浸式变压器的内部发生故障时，由于电弧将使绝缘材料分解并产生大量气体，其强烈程度随故障的严重程度不同而不同。瓦斯保护就是利用反映气体状态的瓦斯继电器（又称气体继电器）来保护变压器内部故障的。

在瓦斯继电器内，上部是一个密封的浮筒，下部是一块金属挡板，两者都装有密封的水银接点。浮筒和挡板可以围绕各自的轴旋转。在正常运行时，继电器内充满油，浮筒浮起，水银接点断开；挡板则由于本身重量而下垂，其水银接点也是断开的。当变压器内部发生轻微故障时，气体产生速度较缓慢，气体上升至储油柜途中首先积存于瓦斯继电器的上部空间，使油面下降，浮筒随之下降而使其水银接点闭合，接通延时信号。这就是所谓"轻瓦斯"。当变压器内部发生严重故障时，急剧产生大量气体，在它的作用下，变压器油从油箱迅速流向储油柜，从而将挡板掀起，使水银接点闭合，接通跳闸回路，这就是所谓"重瓦斯"。另外，当变压器油面降低时，浮筒也下降，"轻瓦斯"也动作。

瓦斯继电器可以反映油箱内的一切故障，动作迅速、灵敏而且结构简单。但是它不能反映油箱外部电路（如引出线上）的故障，所以不能作为保护变压器内部故障的唯一保护装置。另外，瓦斯继电器也易在一些外界因素（如地震）的干扰下误动作，必须采取相应的措施。

目前，容量为800kVA及以上的变压器上均应装设瓦斯保护。400kVA及以上的车间变压器也应装设瓦斯保护。

三、变压器的纵差动保护

（一）纵差动保护的一般问题

1. 纵差动保护的动作原理

纵差动保护是利用比较被保护元件各侧电流的幅值和相位原理而构成的。这种保护被广泛用来保护线路和变压器，如以线路的纵差动保护为例，在被保护线路的两侧装设了具有相同变比和相同型式的电流互感器，一次侧正极性（带 * 号）均置于靠近母线侧，二次侧同极性端子相联，电流继电器并联在互感器的二次侧端子上，如果规定一次例电流从母线流向线路为正，则当电流互感器和继电器按上述方法连接以后，流入继电器的电流为瓦感器二次电流之和。

2. 纵差动装置的不平衡电流

（1）不平衡电流的产生。按上述接线构成的纵差动保护，如果忽略电流互感器的激磁电流，则当正常及外部故障时，流过差动继电器中的电流为零。但实际上电源互感器总是有激碳电流的，而且两侧电流互感器的激磁特性也不完全相同。

为了保证选择性，外部故障时继电器不应动作，所以其动作电流应大于外部故障时的最大不平衡电流。从而为了提高差动保护的灵敏度，就必须尽量减少不平衡电流。对此，后面还要做进一步的分析。

（2）稳态情况下的不平衡电流。当保护范围外部故障时，线路两侧电流互感器流过同一短路电流。

但是，上述情况只有当差动保护两侧的电流互感器型号不相同时，才可能出现；而对变压器的差动保护而言，正是属于这样的情况。在除变压器差动保护以外的其他设备的差动保护中，都采用型号相同的互感器，因此在同样的一次电流作用下，铁芯饱和程度相差不会很大。

（3）暂态过程中的不平衡电流。由于差动保护是瞬动的，因此还需要进一步考虑在外部故障的暂态过程中，差动回路所出现的不平衡电流。众所周知，一次侧短路电流中包含有非周期分量，由于它的直流性质且衰变过程的变化速度（窑）远小于周期分量的变化速度，因此非周期分量很难传变到二次侧，但该电流将在铁芯中产生非周期分量磁通，从而使铁芯严重饱和。不平衡电流具有以下特点：①暂态过程中不平衡电流可能超过稳态时不平衡电流的好几倍；②不平衡电流中含有较大的非周期分量，使其波形偏到时间轴的一边；③不平衡电流的最大值在短路发生后几个周波才出现，这是由于激磁回路具有很大的电感，激磁电流不能立即上升的缘故；④不平衡电流随短路电流中非周期分应的衰减而逐渐衰减。

如前所述，为保证选择性，差动继电器的动作电流必须大于不平衡电流，如何减小不平衡电流及其影响，就成为一切差动保护的中心问题。

3. 减小不平衡电流和提高保护灵敏性的措施

（1）为了减小暂态情况下的不平衡电流，差动保护应采用型号和性能完全相同、专供差动保护用的（D级铁芯）电流互感器，并应尽量减轻它的二次侧负我。

（2）为了减小暂态过程中的不平衡电流（非周期分量）的影响，最常用的方法是在差动回路中接入具有快速饱和特性的中间变流器 BLH。速饱和变流器的铁芯是极易饱和的，它的工作原理如下：

当外部故障时，差动保护的暂态不平衡电流完全偏于时间轴的一边，虽然的幅值较大，但它在铁芯中产生的磁感应强度 B 的变化却很小，只能在饱和值和剩磁之间变化，在二次线圈中感应的电势就很小，所以，不平衡电流不易通过速饱和变流器变换到二次侧。

（二）变压器的纵卷动保护装置

1. 变压器纵卷动保护的特点

首先，由于变压器各侧额定电流不等，而且相位也不同，这就要求适当选择各侧电流互感器的变比及接线方式，以保证正常工作时流入差动继电器的电流为零。

由于变压器常采用 Y/4-11 接线方式，其两侧电流的相位差 30°，如果两侧的电流互感器都采用通常的星形接线方式，则由于相位的不同，就会有一个差电流流入继电器。为了消除这个电流的影响，通常将变压器星形例的三个电流互感器接成三角形，而将变压器三角形例的电流互感器接成星形，并使它们的连接组别与主变压器相对应，以便把二次电流的相位校正过来。

变压器差动保护中的不平衡电流要比其他元件的差动保护产值得多，它的来源主要有以下几个方面。

（1）变压器激磁电流所引起的不平衡电流。变压器正常运行时有激磁电流，此电流仅流经变压器的电源侧，因此它将要经过电流互感器反映到差动回路中。但在正常情况下，变压器的激磁电流很小，最大不超过变压器额定电流的 5%，外部短路时，由于电压下降，激磁电流也减小，所以它的影响就更小。但当变压器空载投入和外部短路切除后也恢复时，则可能出现很大的激磁电流，此电流又称激磁涌流。

产生激磁涌流的原因可参阅《电机学》教材，根据其波形可以看出激磁涌流有以下特点：

1）包含有很大成分的非周期分量，往往使涌流偏于时间轴的一侧；

2）包含有大量的高次谐波，而以二次谐波为主；

3）波形之间有间断在一个周期中间断角为 α。

（2）电流互感器型号不同而产生的不平衡电流。由于两侧互感器的型号不同，它们的饱和特性、激磁电流（归算到同一侧）也就不同，因此在差动回路中产生的不平衡电流也就较大。如按照 10% 误差曲线来选择两侧电流互感器的负载后，此不平衡电流不会超过外部短路电流的 10%，一般可取同型系数 K=1。

（3）互感器实际变比与计算变比不等而产生的不平衡电流。因为两侧的电流互感器都是根据产品目录来选取的标准变比，而变压器变比也是一定的，故很难完全满足式（7-28），此时差动回路中将出现差电流。如果采用具有速饱和铁芯的差动继电器，可利用继电器上的平衡线圈将此项差电流减至最小。

（4）带负荷调节变压器分接头而产生的不平衡电流。当电力系统中采用有载调压的变压器来调节电压时，改变分接头就相当于改变变压器的变比。如果差动继电器已按某一固定变比调节好，则分接头改变时，就会产生相应的不平衡电流。

上述各项中，（1）、（2）、（4）各项不平衡电流，实际上不可能消除，因此变压器的纵差动保护必须躲过这些不平衡电流的影响。在满足一定选择性的同时，还要保证内部故障时有足够的灵敏度，这就是变压器纵差动保护存在的主要矛盾。

2. 变压器纵差动保护的基本方式

根据躲过激磁涌流方法的不同，变压器纵差动保护可按不同的工作原理来实现。目前在我国获得广泛应用的变压器纵差动保护有下面五种。

（1）差动电流速断保护。按躲过变压器空载投入时的激磁涌流和外部短路时的不平衡电流整定。这种保护是经简单的差动保护。但是因动作电流大，灵敏度低，所以一般只用在较小容量的变压器上，作为相间短路保护。

（2）采用具有速饱和变流器的差动维电器的纵差动保护。

（3）采用带磁制动特性的差动继电器的纵差动保护。

（4）利用激磁泄流中较大的二次谐波制动的纵差动保护。

（5）利用鉴别内部故障和激磁涌流波形差别的纵差动保护。

下面将对第（2）种方式的纵差动保护加以介绍。

3. 采用具有速饱和变流器的差动继电器的纵差动保护

在内部短路时，差动线圈中流过短路电流 L，当 I 中的非周期分量衰减后，其周期分量在差动线圈中产生的磁势在短路线圈中将感应一个电势，此电势在短路线圈中产生一感应电流，它在中建立的磁势在中间铁芯柱上起去磁作用，而在中建立的磁势所产生的磁通经右侧铁芯成闭合回路，它与中间铁芯所产生的总磁通的几何和在二次线圈中产生感应电流 U。上述工作情况相当于短路电流 Id 的周期分量电流的一部分在中间铁芯上产生交变磁通，而另一部分经过 W 和 WZ 传变；由于二次传变关系，短路线圈实际削弱了差动线圈的磁势，即相当于减少了继电器的动作安匝。

当外部短路或空载投入时，差动线圈中流过的不平衡电流或激磁涌流中含有大量的非周期分量，非周期分量电流几乎不传变到短路线圈和二次线圈，而流经三个铁芯柱并使铁芯饱和，铁芯饱和以后，周期分量的传变条件大为恶化，并使所呈现的交流阻抗大大减小，使 WA 接近于短路状态。因此，当差动线圈 W 中流过同样的周期分量电流时，由中间铁芯进入二次线圈的交变磁通大为减小，又由于右侧铁芯在非周期分量作用下已饱和，因而差动线圈中的周期分量传变到二次线圈中的部分较没有短路线圈的情况小得多，故具有短路线圈的速饱和变流器能较好地躲过不平衡电流。

值得注意的是，在变压器内部发生短路的起始瞬间，短路电流中也含有非周期分置，继电器只有等非周期分量衰减到一定程度以后才能动作。在一般情况下，使保护延时动作的时间，不会超过 30~40ms。但是对巨型变压器，由于其时间常数较大，继电器动作延迟的时间相当长，这是不希望的，有时甚至达。到不能采用这种继电器的程度。

第八节　自动重合闸简介

一、单侧电源，电线的三相一次自动重合闸

在故障线路被继电保护动作断开以后，由该线路供电的用户被迫停电。为了缩短用户停电时间，目前电力系统中广泛装设有自动重合闸（简称 ZCH）的自动装置。由于线路上的故障大多数是暂时性的（如鸟害、雷击等），当继电保护动作切断电源之后，故障点的电弧将自行消灭，被击穿的介质强度可以自行快矣。如果利用自动重合闸迅速地重新合上断路器，线路就能够很快恢复运行，从而提高了对用户供电的可靠性。目前对 1kV 及以上电压的架空线路和电缆与架空线混合的线路，当具有断路器时，一般都应装设自动重合闸装置。

虽然线路上的故障大多数是暂时性的，但还存在永久性故障，如倒杆塔、斯线、绝缘子击穿或损坏等。在永久性故障时，重合闸装置的动作将不会成功，重合后将由保护装置动作再次将断路器断开。目前线路上自动重合用动作的成功率（重合成功的次数与总动作次数之比）为 60~90%，可以认为是相当高的。

自动重合闸的种类繁多，本书主要介绍单角电源输电线路的三相一次自动重合闸装置。

目前电力系统中应用的自动重合闸大部分是一次动作的，即断路器跳闸以后，自动重合闸将断开的线路自动投入，如果线路故障仍然存在，则由继电保护再次断开线路，此时 ZCH 便不再动作。

二、自动重合同与继电保护的配合

在输电线路上使用 ZCH 不仅提高了供电可靠性，而且 ZCH 与继电保护配合，还可以改善继电保护的效能，提高 ZCH 的效果。ZCH 和保护的配合主要有以下两种方式。

（一）交合闸前加速保护（简称"前加速"）

网络接线，在每条线路上均设有过电流保护，其动作时限按阶梯原则配合，因而靠近电源端的保护动作时限较长。为加速切除故障，可在保护 1 的安装处采用前加速的方式，即当各条线路发生故障时（如 d-1 点），第一次都由保护 1 瞬时动作予以切除，因此如果故障是在 A-B 线路以外，保护 1 的动作都是无选择的。当断路器跳闸后，即起动重合闸，只要不是永久性故障，即可重新恢复供电，从而纠正了上述无选择性的动作。如果是永久性故障，则保护 1 第二次就按选择性的方式动作，例如故障在 A-B 线路上，则以 t 时间切除 A-B 线路。为不使无选择性的动作范围太大，一般变压器低压侧故障时，保护 1 不应动作，因此其动作电流应大于相邻变压器低压侧短路时流过保护 1 的最大短路电流。

前加速保护接线，可以利用延时返回的中间继电器 JSJ 以及连接片 LP1 和 LPz 来实现。当第一次发生故障时，电流保护（图中只画出了一相）LJ 动作起动时间继电器 2SJ，2SJ 瞬时接点闭合，由正电源经 2SJ 瞬时接点、JSJ 常闭接点、LP；DL1，TQ 到负电源，起动 TQ 而跳闸，保护动作是瞬时的。随后 ZCH 起动，由 ZJ 发出合闸脉冲的同时，它的另一对常开接点起动 JSJ，JSJ 的常开接点闭合，常闭接点断开。如果重合于永久故障上，则保护再次起动，但此时 2SJ 的瞬时接点已不能通过 JSJ 的常闭接点去瞬时跳闸，而通过其常开接点和 LP2 的 1-2 端子使 JSJ 自保持，此时只有当过电流保护的时间继电器 2SJ 的延时接点闭合后，才去跳闸，也就是重合闸以后，保护是按照有选择性的方式工作的。

采用前加速的优点是：能够快速地切除瞬时性故障，使其不致发展成为永久性故障，使用设备少，只需在供电侧装设一套 ZeH。其缺点是：在重合闸过程中所有用户都要暂时停电，切除永久性故障带有延时，对装有 ZCH 的断路器，动作次数较多，工作条件恶劣。前加速保护主要用在 35kV 以下由发电厂和变电所引出的直配线上，以便快速切除故障，维持母线电压。

（二）重合同后加速保护（简称后加速）

采用这种配合方式就是当输电线路发生故障时，首先由继电保护接有选择性的方式动作，然后进行自动重合闸，如果是永久性故障，则加速保护动作，瞬时切除故障。

后加速的配合方式广泛应用于 35kV 以上的网络中以及对重要负荷供电的输电线

路上。

实现后加速的接线与前加速相似，当第一次故障时，LJ 起动 2SJ，待 2SJ 延时接点闭今后，接通 TQ 使断路器跳闸。随后 ZCH 动作，发出合闸脉冲，另一对接点起动加速继电器 JSJ，使它的常开接点闭合。如果是更合在永久性故障上，由于 JSJ 的常开接点是延时打开的，所以当保护再次动作，2SJ 瞬时接点闭合后，接通了由正电源经 2SJ 瞬时接点、JSJ 常开接点、LP2 的 1-3 端子、Dj、TQ 到负电源所构成的回路，断路器将立即跳闸。

后加速的优点是：①第一次为有选择地切除故障，可缩小事故的影响范围；②保证了永久性故障能瞬时切除；③应用范围不受任何条件限制。

后加速的缺点是：①每个断路器上都需要装设一套重合闸装置，与前加速相比则较为复杂；②第一次切除故障可能带有延时。

第四章　高压电器

国民经济各部门中所使用的高压电器的种类是繁多的，但电力系统中所使用的主要是各种高压开关电器（如断路器等）和互感器。本章将主要针对这两类高压电器的原理、结构等进行最基本的介绍。

第一节　高压开关电器

一、概述

高压开关电器的总任务是：在正常工作情况下可靠地接通或断开电路；在改变运行方式时灵活地进行切换操作；在系统发生故障时迅速切除故障部分以保证非故障部分的正常运行；在设备检修时隔离带电部分以保证工作人员的安全。

根据开关电器在电路中所担负的任务，可以分为下列几类：

（1）用来在正常情况下断开或闭合正常工作电流的，如低压闸刀开关、高压负荷开关等；

（2）用来断开故障情况下的过负荷电流或短路电流的，如高、低压熔断器；

（3）既用来断开或闭合正常工作电流，也用来断开或闭合过负荷电流或短路电流的，如高、低压断路器；

（4）不要求断开或闭合电流，只用来在检修时隔离电源的，如隔离开关。

开关电器是电力系统中的重要设备之一，其中以断路器的性能最完善，也最为血要和复杂。

本节先介绍开关电器的基本工作原理（灭弧原理），然后介绍几种主要的高压断路器的结构概况。

二、电工的产生和熄灭

当用开关电器断开电路时，如果电路电压不低于10~20V，电流不小于

80~100mA，触头间便会产生电弧。电弧是高温高导电率的游离气体，它不仅对触头有很大的破坏作用，并且使断开电路的时间延长。因此，一般用来断开电流的开关电器，都备有专门的灭弧装置。在介绍开关电器的结构和工作情况之的，首先介绍一下电弧形成和熄灭的基本原理是十分必要的。

（一）电弧产生的物配过程—游离和去游离

电弧的形成是触头间中性质点（分子和原子）被游离的过程，通有电流的开关触头分离之初，触头间距离很小，电场强度很高（电场强度＝电压/距离）可达 3×10^6 V/m 以上，足以从阴极表面拉出电子。

从阴极表面发射出来的自由电子，在电场力的作用下向阳极作加速运动，在运动的路径上与气体的中性质点相碰撞，若碰撞前自由电子已经经历过具有一定电位差的自由行程（不与其它质点碰撞的加速行程），获得了足够大的动能，则可能从中性质点中打出电子而使之游离，形成了自由电子和正离子，这种现象称为气体的碰撞游离。新形成的自由电子也向阳极作加速运动，同样地与中性质点碰撞而发生游离。碰撞游离连续进行的结果。触头间充满了电子和离子，具有很大的电导；在外加电压下，介质被击穿而引起电路中的电流又重新产生。

随着触头分开的距离增大，触头间的电场强度相应减小，所以这样的碰撞游离对维持电弧的作用是不大的。

触头间电弧燃烧的间障，称为弧障。电流通过弧原产生的热量，使电弧中心部分维持很高的温度（可达 10000℃），在高温的作用下，气体中性质点的不规则热运动速度增加，具有足够动能的中性质点互相碰撞时，将被游离而形成电子和负离子，这种现象称为热游离。一般气体发生游离所需的能量较大，开始发生热游离的温度约为 9000~10000℃。金属蒸汽的游离能较小，其热游离温度约为 4000~5000℃，因为开关电器的电弧中总有一些金属蒸汽，而弧心温度总大于 4000~5000℃，所以热游离的强度足以维持电弧。

电弧发生后，由于它的温度很高，阴极表面的电子将获得足够的能量而向外发射。

可以看出：电弧由碰撞游离产生，靠热游离维持，而阴极则借强电场发射或皓电子发射提供传导电流的电子。

在电弧中，和游离过程同时，还进行着带电质点减少的去游离过程，去游离的主要方式是复合和扩散。

复合是异号带电质点的电荷彼此中和的现象。要完成复合过程，两异号质点需要在一定时间内处在很近的范围内，因此它们的相对速度愈大，复合的可能性愈小。电子的运动速度约为离子的 1000 倍（电子的质量比离子的小，容易加速），所以正负离子间的现合比正离子和电子间的复合容易得多。通常是电子在碰撞时先附着到中性质点上形成负离子，然后与正离子复合。

扩散是带电质点从电弧内部逸出而进入到周围介质中的现象。扩散是由于带电质点的不规则热运动而发生的，电弧和周围介质的温度差以及离子浓度差越大，扩散作用也增强。由以上分析，可见扩散和去游离是一对矛盾，共存于电弧这个统一体中，产生和熄灭的整个过程中，互相对立又互相依赖。当电弧形成时，游离是矛盾的主要方面。创造一定的条件，使去游离转化为矛盾的主要方面：就可以使电弧熄灭。影响游离和去游离的主要条件有：

（1）使电弧冷却可以减弱热游离，减少新带电质点的形成。同时由于带电质点的通动速度减小，复合得以加强。迅速拉长电弧，用气体或油吹动电弧，都可以加强电弧的冷却。

（2）去游离的效果在很大程度上决定于介质的特性。介质的传热能力、介电强度、热游离温度和热容量越大，则去游离过程越强烈。氢具有很好的灭弧特性，它的灭弧能力是空气的 7.5 倍，水蒸汽和二氧化碳次之。在油断路器中，就利用绝缘油在电弧的高温作用下一部分蒸发并分解为氢（占 70%~80%）和其它气体来灭弧，在有些开关电器中，利用固体有机物质（纤维、有机玻璃等）在电弧的高温下产生氢、二氧化碳和水蒸汽来灭弧。六氟化硫（SF_6）气体的分子可以捕捉自由电子而成为稳定的负离子，有良好的灭弧性能，也日益广泛地用于高压开关电器中。

增加气体介质的压力可以缩小质点间的距离，增大其传热能力和介电强度，并使复合的机会增加。

高真空中除了从触头蒸发的金属蒸汽和放出的微量吸附气体外，气体分子数量极少，游离困难。弧柱中带电质点的浓度和温度比周围高得多，容易扩散，真空开关就是利用这一原理制造的。

（3）触头的材料对于去游离也有一定影响。采用熔点高、导热率和热容量大的耐高温金属，可以减少热电子发射和电弧中的金属蒸汽。

（二）交流电弧的特征

通常，如何熄灭开断电路时所产生的电弧，是高压开关电器结构上的关键问题，为此必须进一步研究交流电弧的特性及其熄灭方法。

1.电弧的伏安特性。电弧的伏安特性就是电弧的外部特性。先看看在简单的直流电路内电弧的伏安特性，使动、定触头分开一定的距离，让电弧在触头间稳定燃烧，改变电阻 R 就能改变电弧中通过的电流 I，同时用电压表测量触头两端的电弧电压 U_A。如将不同电流下的电弧电压 U_A 的数值画成曲线则称为直流电弧的伏安特性，如电弧可以看成一个非线性电阻，它与一般线性电阻不同。对于线性电阻而言，其阻值是不变的，通过电阻的电流愈大，电阻两端的电压也愈高，并与电流成直线关系。但是电弧情况却不同，当电弧中电流增大时，电弧温度随之增高，热游离也急剧增加，弧障电导增加，电弧电压反而下降。但是，当电弧电流增大到一定的数值后，热游离已成为游离的主要因素，因此只要在电弧两端保持一定的电弧电压 U_A，就能使电弧稳定燃烧，这时电弧电压基本上是一个不变的数值，与电流大小无关。

在交流电路中，交流电弧同样具有非线性特性，但交流电弧不同于直流电弧。在交流电路内电流的瞬时值不断随时间而变化，并且从一个半周到下一个半周时符号要改变，由于电流变化很大，弧柱的热惯性起很大的作用。所谓热惯性是指电流虽已减小，但弧障中的热量来不及散出，因而弧柱温度来不及降低，电弧电阻还保持原来较低的数值，因此电弧电压也较低。

在工频下，交流电流变化一个周期时，由于电弧是纯电阻性的，所以电弧电压的方向始终与电弧电流的方向是一致的。由于电流变化很快，弧柱热惯性的影响很大，当电流由小变大时，电弧电压动态特性较高；当电流由大变小时，电弧电压动态特性较低。通常把电弧刚出现时（A 点）的电压称为燃弧电压 U_R，把电弧熄灭瞬间（B 点）的电压称为熄弧电压 U_A，另外，考虑到电弧燃烧前与熄灭后的电流值很小，若略去不计则得出如图 8-3（上）所示的交流电弧的简化伏安特性。

电弧的温度前已述及，是随电流的大小而变化的，同样交流电弧的温度也是随电流强度瞬时值的变化而变化的，并且温度的变化稍些落后于电流强度的变化。

2. 交流电弧的重燃与熄灭。由于交流电弧的上述特点，电弧电流每经半周总是要经过零值一次。在电弧电流过零的瞬间，电源不供给电弧以能量，而电弧却继续在散失能量（经过传导、对流等方式将热量散出）。因此使弧障内的去游离增加，弧障温度也迅速下降，电弧也就暂时熄灭，在电弧电流过零以后，电弧也可能再度重新燃烧，也可能就此熄灭。团北交流电弧电流的过零，给熄灭电弧造成了有利的条件，只要在电流过零后不使发生重燃，电弧就能最终熄灭。因此，交流电 9K 比直流电弧要容易熄灭得多。

当电翼电流过零时，电弧暂时熄灭。从这一时刻开始，在电弧间障就将发生两个相互影响面作用相反的过程，即电压恢复过程和介质强度恢复过程。电流过零后，一方面，电弧间障上的电压要恢复到线路电压，随着电压的增大将可能引起间障的再击穿而使电弧重燃，另一方面，电弧熄灭后去游离的因素增强，使间障从原来是电弧的通道逐渐变成介质，间障的介质强度不断增加，将阻碍间障的再击穿而使电弧熄灭。因此，电弧的熄灭与否，就取决于这两个相反过程的竞赛。

这两个过程实质上是电流过零后间障中的游离和去游离过程。如果游离过程的作用始终大于去游离过程的作用，则必然引起间障电弧的重燃；反之，如果去游离作用占优势，则电弧熄灭，间障就恢复成介质。

（三）熄灭电弧的基本方法

从上面的讨论可知，电弧能否熄灭，决定于弧障内部的介质强度和外部电路加于弧原的惯复电压二者的竞赛，而介质强度的增加又决定于游和去游的相互作用，增加弧障的去游离速度或减小弧圈电压恢复速度，都可以促使电弧熄灭。根据这个道理，现代开关电器中广泛采用的灭弧方法有下列四种。

1. 利用气体或油吹灭电弧这种方法广泛应用于各种电压的开关电器，例如空气断路器利用压鳍空气吹动电弧；油断路器利用油和油在电弧作用下分解出的气体吹动电弧；负荷开关和焙新器利用固体有机物质（有机玻璃、纤维等）在电弧作用下分解出的气体吹弧。

电弧在气流或油流中被强烈地冷却和去游离，并且其中的游离物质被未游离物质代替。气体或油的流速愈大，作用愈强。在开关电器中利用各种形式而灭弧室使气体或油产生巨大的压力并有力地吹向弧障，使电弧迅速熄灭。吹动的方式有纵吹和横吹两种，纵吹便电弧冷却变细，横吹则把电弧拉长切断。

2. 采用多断口高压断路器常制成每相有两个或多个串联的断口，使加于每个断口的电压降低，电弧易于熄灭。新型高压断路器往往把相同型式的灭弧室（断口）串接起来，就可以用于较高的电压等级。

3. 采用并联电阻在高压大容量断路器中，广泛利用弧障并联电阻来改善它们的工作条件，并邓小阻的作用是：

（1）限制触头上的恢复电压幅值和电压恢复速度（采用几十至几百欧）；

（2）切断小电感电流或电容电流时，消除危险的过电压（采用几百至几千欧）；

（3）使沿着触头断口之间的电压均匀分布（采用几万至几十万欧）。

（4）采用新介质。利用灭弧性能优越的新介质，例如六氟化硫断路器和真空断路器等。

此外，还可以利用狭缝灭弧及把长弧变为短弧等措施，这里不再一一述及了。

三、断路器的类型和基本要求

由于高压断路器用于在正常情况下接通和断开电路，以及在故障时切除故障电路，它是电力系统中最重要的和性能最完善的开关电器，对于它的基本要求是：具有足够的开断能力；尽可能短的动作时间和高的可靠性；结构简单，便于操作和检修；具有防火和防爆性；尺寸和重量小；价格低。而这些要求基本上可以用它的参数来代表特征。下面主要介绍断路器的类型。

高压断路器根据装设地点可分为屋内式和屋外式；根据所用灭弧介质的种类又可分为以下四类。

1. 油断路器利用绝缘油作灭弧介质，又可分为少油式和多油式两类。在少油式断路器中，油只用来灭弧而不作绝缘用；在多油式断路器中，油不仅作为灭弧介质，同时兼作带电部分对接地的油箱之间的绝缘用，故用油量较大。

2. 空气断路器利用压缩空气灭弧和操作。

3. 六氟化硫（SF_6）断路器利用灭弧性能好、介质强度高的 SF，气体为灭弧介质，是一种新型断路器。

4. 真空断路器在真空中灭弧，也是一种新型断路器。

本书主要介绍在电力系统中应用较广的国产多油式、少油式和空气断路器以及 SF 断路器。

四、多油式断路器

多油断路器的主要组成部分是油箱、套管绝缘子、触头、灭弧装置和揉动机构。电压为 10kV 及以下的多油断路器，一般没有特殊的灭弧装置。三相触头共放在一个油箱内。

35kV 及以上电压的多油断路器，一般都具有特殊的灭弧装置用以提高断路器的开断能力，加速灭弧和降低发弧时油箱内的压力（压力主要由灭弧室承受），提高其工作可靠性。同时三相分别放在三个独立的油箱内。

电压为 35kV 及以上的多油断路器都装有套管式电流互感器，这样可以简化配电装置的布置。

下面以 DW-35 型断路器为例，介绍其结构和工作情况。

（一）断路器的本体结构

DW-35 型多油断路器本体结构。该断路器采用三相分相结构，每相单独放在一个椭圆形油箱内，三相装在一个角钢支架上，由一个操动机构通过水平连杆和垂直拉杆进行操作。油箱升降器可在检修时升降油箱。每相有两个断口，即有两对触头，每对触头各有一个灭弧室。每相有两个电容式引出套管，固定在油箱盖上。灭弧室与定触头装在套管绝缘子截流导体的下端，套管上装有电流互感器。动触头由镀银铜管制成，其端部装有可以更换的铜钨合金灭弧触头。动触头下端连在导电铝横担上，横担中部用绝缘杆与提升机构连接，后者由油箱上部的伸张机构传动，可以作上下方向的运动。

油箱内的油不能盛满，必须留有占箱容积 20%~30% 的缓冲空间。若缓冲空间太小，则在灭弧时由于箱内压力升高，可能引起喷油；若缓冲空间太大（油位过低），则灭弧时产生的高温气体在通过油层时来不及充分冷却，可能在缓冲空间与空气混合发生爆炸。油箱中的油位用油标来标示。

旧式 35kV 多油断路器都采用对接式触头，接触不可靠，烧损严重，开断一次短路后就要进行修理。DW-35 型采用了插座式触头，为多瓣（12 个）多线接触，接触较可靠；定触头还加装有保护环，动触头另装灭弧触头，可在多次开断短路后再进行检修。

（二）灭弧装置及其工作原理

DW-35 型的灭弧室由三块灭弧隔板在玻璃钢筒中组成，其玻璃钢筒是由环氧树脂玻璃布压制而成，灭弧隔板采用三聚笼胺玻璃纤维层压塑料，耐弧性好，不易吸潮，每块灭弧隔板下有十个圆槽称为贮气孔（或缓冲室），第二块隔板开有旁口通向油箱，可以进行横吹，而上下两块隔板则只能起纵吹的作用。

当触头分开形成电弧后，由于油被电弧高温分解成气体，在灭弧室中产生很高的压力，弧道与灭弧隔板间的油气被压入灭弧隔板的贮气孔内。当动触头还未离开第二块隔板的横吹口时，电弧只受到上部隔板中的油气纵吹作用，并保持为直线形状。此时，电弧受到约束，能有效地冷却，因而热游离减弱，使游离气体迅速复合。当触头继续分开并将横吹口打开后，贮存的高压油、气流由于喷口内外存在很大的温度差和压力差，能以超音速喷出，迅速进行去游离，由于在高压力约束下，电弧能量只在打开横吹口瞬间喷向油箱，因而油箱内的压力不大。

电弧熄灭后，弧道中的高压油、气从横吹口流出灭弧室，而贮存于灭弧隔板气孔内的油将喷向弧道，保证了弧道介质恢复速度大于恢复电压上升速度，使电弧不致重燃。如果接着进行快速重合闸，则由于灭弧隔板间的油没有被排掉，在第二次分闸时仍可保证可靠的熄弧，而不致降低其断流容量。

多油式断路器具有悠久的历史，可以做到较大容量而工艺要求不高，它本身可以附带电流互感器，运行维护，性能也相当可靠，气候适应性较强。过去我国除 35kV 电网外，在 110kV 系统中也曾采用过这类断路器，在个别 220kV 系统中也有采用的。但是，多油断路器，特别是当电压在 110kV 及以上时，具有许多缺点，主要是：用油量大；易于发生火灾；体积庞大，耗费钢材多；动作时间长；检渗工作量大，安装搬运不便；占地面积也大。因此，目前已逐渐被少油断路器和无油断路器（例如空气断路器）所代替。

五、少油断路器

在少油断路器中，油只用来灭弧，截流部分的绝缘是利用空气和陶瓷等绝缘材料，所以用油量很少，可以节约大量油和钢材。由于油量很少，油箱结构又很坚固，制造质量良好的少油断路器可以认为是防爆、防火的，使用比较安全，配电装置的结构也简单得多。少油断路器中灭弧室的结构，与多油断路器基本上相同。

我国生产的 20kV 以下的少油断路器为屋内式，用金属油箱（固定在支柱绝缘子上）；35kV及以上的为屋外式，采用高强度瓷套筒作为油箱，同时作为绝缘之用。

少油断路器的缺点是：不适于多次重合闸，不适于严寒地带（油少易于凝冻），附装电流互感器比较困难。

下面介绍以常见的SW型少油断路器为例，来介绍少油断路器的结构。

1. 外形结构。SW型少油断路器为积木式结构，每个单元是由三节瓷套管组成的一个Y形体。两个断口及灭弧室分别置于Y形体两侧的瓷套管中。Y形体中部是一个三角形机构箱，下面再用瓷套筒支持在角钢支架上，支架下还有传动机构箱。

220kV的少油断路器用两个单元（具有四个断口）相串联，每相用一个操动机构进行分相操作。110V时每相只需用一个单元，三相共用一个操动机构操作。绝缘支柱套筒随电压级而增加，110kV用一个，220kV用两个，构成开关对施的主绝缘。整个支柱费套筒及支架下的传动机构中均充满油，也起一定的绝缘作用。

2. 内部结构、灭弧装置及其工作原理。图8-1为SW型少油断路器的灭弧室及中间机构箱的内部结构图（一个断口）。装于支柱瓷套筒里的提升杆（图中未示出）带动中部三角形机构箱中的连杆使导电杆上下运动，以进行分合闸操作。

灭弧室装在瓷套筒内，主要构件是一个高强度玻璃钢筒，它起压紧保护瓷套作用，亦承受灭弧时产生的高压力。它能耐受25.3MPa的压力，从而保证了在开断短路电流时不致发生爆炸。少油断路器的发展和这个灭弧筒的材料的发展有很大关系。

灭弧筒内叠放六片同样型式的隔弧板（用三聚量胺玻璃纤维压制）。每片中心开孔让动触头导电杆通过。片下有四个贮气孔（缓冲室），供灭弧时贮压力油、气之用。另有两个套以胶木管的孔，作为灭弧室上部与下部油的通道，而与灭弧室内的充油空间不连通。这种由六片隔弧板组成的多节纵吹灭弧室，结构简单。在开断短路电流时，由于电弧分解油，在灭弧室内产生很大压力，油和气从中心孔向上喷出，将电弧吹灭（只有纵吹作用）。

上定触头为插座式，位于灭弧室之上。在上定触头的末端装有一个由弹链压紧的压油活塞，推动活塞的柄插入上定触头底部孔中，在合闸位置，导电杆插入上定触头即将此柄向上顶起，使压油活塞的弹簧压紧。分闸时，导电杆退出插座，活塞在弹簧作用下迅速下落，同时将新鲜冷油射向上定触头的弧根，这对切断小电流（灭弧室内压力低），特别是切断电容电流十分有利，可避免电弧重燃，从而使线路上不致产生危及设备绝缘的过电压。

灭弧室排出的气体都聚集到顶部铝帽中，通过一个小孔将气排出，部分混在气体中的油又流回到灭弧室内。为防止由于灭弧室中压力过大而引起爆炸，角附中装有安全阀片（压力过大时破碎，使压力释放），铝盖上边有排气门。

为使套管不承受压力，它与灭弧室之间夹层中的油，不能与室内及铝帽中的油连通，但可向外部通气，为此在铝帽中装了一个导气管。

六、空气断路器

空气断路器（确切一些说是压缩空气断路器）是利用高压力的压缩空气（通常是1~4MPa）来吹熄电弧的。压缩空气装置同时也是断路器操作控制的动力源。

空气在自然界里是取之不尽用之不竭的。用空气作灭弧介质从经济上考虑是最便宜不过的了，因此这种设想很早就被提了出来。

压缩空气具有很好的灭弧性能，空气在提高压力后绝缘性能可以有很大提高，在0.7MPa时其绝缘强度已达到或超过变压器。此外，作为绝缘介质它还不会老化变质，性能较稳定，这就使得空气断路器触头间的开距可以做得比较小，电弧短，开断能力强。

压缩空气吹弧有很好的熄弧效果。当压缩空气经喷口向外流出时，形成很高速的气流。这种高速气流对电弧的冷却效果好，因此熄弧能力很强，电弧过零后，触头间的介质强度恢复很快，不易发生重燃。此外，空气断路器的吹弧能力取决于压缩空气的压力而与开断电流的大小无关。大电流与小电流的燃弧时间差别不大。在足够强的储气压力下，燃弧时间很短，这种恒定而强大的吹弧能力对开断大电流是很有利的。因此空气断路器易于向高压大容量发展，但是在开断小电流时却带来麻烦，由于吹弧能力过强，可能使小电流的电弧在自然零点以前被强行切断，尤其在开断空载变压器时，容易造成过电压。

总体来说，空气断路器的主要优点是：

（1）开断能力大，开断电流可达 70kA 以上；

（2）动作迅速，燃弧时间可短到 0.3~1.3 个半波，全开断时间可短到 2 个周波；

（3）由于灭弧介质是新鲜空气，快速重合间时断流容量不致下降；

（4）无着火危险；

（5）尺寸、重量较小。

空气断路器的缺点是：结构比较复杂，有色金属消费大，价格较贵，需要装置复杂的压缩空气装置（包括空气压缩机、贮气筒、管通等），此外，还不易在内部附装电流互感器。

空气断路器多用于对断流容量、开断时间、自动重合闸等有较高要求的电力系统中，目前它在超高压电力系统中应用很多。

对空气断路器的研究指出，当触头间达到一定距离时，可以得到最有利的灭弧图YJ 电路需普式条件（距离减小时，气流量减小；距离增大时，气流速度减小），这个距离通常是较小的，在停止供气以后，不能保证断口的绝缘。要得到最有利的灭弧条件并且在灭弧后保证断口的绝缘，可以采用下面两种方法。

（1）装设附加隔离器，断开断路器时向灭弧室供气，同时使触头迅速分开到最有利的灭弧距离，经过一段比电弧持续时间稍长的时间后，隔离器的操动机构将隔离器打开，使电路断开，然后停止向灭弧室供气，触头在弹簧的作用下重新闭合。我国早期生产的 KW_1 型即属此类，由于结构笨重复杂，已被淘汰。

（2）采用常充气式结构，无论断路器在合闸或跳闸状态，灭弧室内都充满着压缩空气，排气孔只在断开过程中打开。由于灭弧室内充满压缩空气，保证了触头间障必需的绝缘。这种断路器的结构简单，空气压力的利用较好，气耗量较小。我国生产的 KW_2、KW_3、KW_4 系列空气断路器都属于这种结构。

下面以 KW_4 系列常充气式空气断路器为例来介绍空气断路器的结构和工作原理。该系列包括 110、220、330kV 三个电压等级，有组合式的特点，不同电压等级由相应数量的标准部件，如灭弧室、支持瓷套、均压电容器、传动机构和气阀等组合而成。除贮气筒外，其余部件都通用于整个系列。KW，T10 型是三相共体式，即三相装在一个贮气筒上，公用一套控制系统，因而只能三相联动。KW_4-220 和 KW_s-330 是三相分装式，每相各自一个贮气筒和控制系统，能够单相或三相联动操作。

空气断路器都采用多断口结构，使于每口的电压降低，易于熄灭电弧。其中每个断口内的灭弧室的结构是相同的，只要将断口串联起来，就可以用于较高的电压等级，即所谓组合式或积木式结构。

KW-330 型断路器的灭弧室的结构，灭弧室分为两部分，上部为主触头灭弧室，下部为辅助触头灭弧室，并联电阻也装在这个室内，主触头灭弧时向上排气，顶部为排气阀，贮气筒中有连杆操动机构，它由操作箱来控制。空气的额定压力为 2.02MPa，由于操作后气压降低以及不可避免有漏气现象，应由发电厂或变电所的压缩变气系统经过管道自动进行补气。断路器的引出线穿过绝缘瓷套管引出；为了使电场分布均匀，设置有均压环。在斜挂的瓷套管内装的是断口均压电容器。在灭弧室和瓷套管内经常充满 2.02MPa 的空气，它们与贮气筒间设有阀门间隔。

在灭弧室中，主定触头是两个柱状的导体，相距 70mm。主动触头是两排指形触头，每排七指与一个柱头相接触，两排连到一个活塞杆上由工作缸以压缩空气进行操作。主触头分开后，两组并联电阻仍经过闭合的辅助触头串联在电路内。主触头间的电弧在强烈气吹和并联电阻作用下，当电流第一次过零或最多第二次过零时，即可熄灭。然后辅助触头打开，电路才最后切断。主、辅触头虽然各只有一个，但动作时各能造成两个断口。每个断口分别吹弧，主触头吹弧空气向排气阀排出，辅助动触头本身是中空的铜管，灭弧时排气由管内排出，在行程终结时把出路堵死。合闸时程序相反，辅助触头先合上，接入并联电阻，主触头再合上，将电阻短接。

怎样能使这些触头按照上述程序动作呢？在与贮气筒相连的控制箱中有分合闸的。电磁阀和手动按钮。每个电磁阀均有放大动。力的中间放大阀，经过它去推动主阀。在进行分闸操作时，活塞让压缩空气进入生阀活塞的后腔，推动水平连杆向前运动，经过四点传动把这个位移传给各个单元的绝缘拉杆作向上运动绝缘拉杆从瓷套中伸入灭弧室再去推动灭弧室内的机构。主工作缸利用差动原理，只要主阀右边压力泄放，左边与贮气筒相连，即有压力使之复位。

在上部灭弧室内，绝缘拉杆顶动一条杠杆将灭弧室左上方的控制阀活塞往下拉，让压缩空气进入两根管道。一路是去打开排气阀，为主触头灭弧作好准备，一路进入主动触头的工作缸进行主触头的分闸，该路空气还串联进入辅助动触头的操作阀，推动辅助触头断开。由于管道的阻力，辅助触头较主触头迟打开 0.02~0.03S。排气阀在主触头灭弧后即自行闭合，辅助触头灭弧排气经自己的管道中排出。

当断路器进行合闸时，合闸电磁铁接受电信号后即打开合闸起动阀的气门，压缩空气推动中间放大阀的第位活塞，把气门顶回合闸位置，切断主阀活塞后腔的气源，使其两侧压力失去平衡，于是主阀活塞在前腔气压作用下将控制活塞向下拉回合闸位置。排气阀气门活塞上腔以及主、辅动触头操作活塞前腔的压缩空气均立即释放，辅、主触头相继快速合闸。其辅助触头闭合将比主触头提前 0.007~0.02S，并联电阻在合闸过程中先接入系统，随后再由主触头短接。

当断路器处于合闸位置时，压缩空气作用在主阀活塞上的力，通过传动系统作用于控制阀活塞，而主阀活塞则始终拉住控制阀，使断路器维持在合闸位置。

断路器的分、合闸位置，除由控制柜的信号灯指示外，还可通过辅助触头尾部或主触头下部的机械位置指示器来监视。

七、SF_6（六氟化硫）断路器

由于 SF_6 气体所具有的优越的绝缘和灭弧性能，近十多年来 SF_6 断路器发展很快，目前它正日益广泛地应用于超商压系统中。这种断路器的主要优点是：

（1）由于 SF_6 气体的灭弧能力强，介质恢复速度快，散热性能好，所以易于制成大开断容量的断路器。另外，它还可以适应系统的各种运行方式，性能可靠、稳定。

（2）容许开断次数多，检修周期长。由于 SF_6 气体经电弧分解后可以复原，开断后气体的绝缘强度也不下降，因而容许开断次数多。另外，触头在 SF_6 气体中的烧伤也很轻微，所以它的检修周期可以大大延长。

（3）结构简单、体积小、噪声轻。由于 SF_6 气体优越的绝缘、灭弧性能，不仅使得各部件间的绝缘距离可以缩小，结构还可以简化，从而体积小，重量轻。此外，由于它采用了密封的灭弧装置系统，还降低了噪声。

SF_6断路器的主要缺点是：加工精度要求高，对防漏密封以及水份与气体的检测、控制都要求较严格。另外，目前这种断路器的价格也偏贵。

SF_6断路器的绝缘是利用压力较低（0.3~0.5MPa）的气体，而灭弧则用压力较高的气体，一般在1.1~5MPa左右。按照获得高压气体的方式的不同，SF_6断路器主要有两种类型的结构。

（一）双压式

在断路器内设置有两种压力的SF_6气体系统（高压区和低压区）。在开断的过程中，通过控制吹气阀门使高压区气体流向低压区，从而在触头喷口形成气流吹弧，开断完毕后，气吹也就停止。双压式灭弧室的原理，在高、低压室之间有压气泵及管道相联，当高压室气压降低或低压室气压升到一定限度时，压气泵将起动并将低压室的气体打到高压室，从而形成一个封闭式自循环系统。

典型的具有双压式灭弧室的支柱瓷瓶式SF_6断路器的外形结构示意。每相有两个支柱，每一支柱上装有双断口的灭弧室。在支柱瓷瓶与灭弧室的中空部分充有压力为0.4MPa的SF_6气体以形成低压系统。高压系统的压力为1.7MPa装在支柱的底部，经过中空瓷瓶中的一个高压管道与上部的气罐相通，而吹气阀门则装在上部气罐内。当断路器开断时，吹气阀门开启，高压的SF_6气体所形成的高速气流经吹弧喷嘴到低压室。在低部则有一个压缩机将气体经过滤器重新打回到高压气罐内，并形成封闭的自循环系统。

通常，SF_6断路器的操动机构不能用高压力的SF_6气体自身来推动，因为它容易液化。例如2MPa的SF_6气体在室温为201℃左右就变成了液体。所以，SF_6断路器的操动机构一般采用液压机构或压缩空气传动的操动机构，断路器即采用后一种操动机构。

（二）单反式（压气式）

这种SF_6断路器在内部只有一种较低压力的SF_6气体。在开断过程中，利用触头与活塞的运动所产生压气作用，在触头喷口间产生气流吹弧。一旦开断动作完成，压气作用将立即停止，触头间又恢复为低压力的气体状态。故称为单压式。

带单压式灭弧室的钢罐落地式SF_6断路器的结构示意。在这种结构中，灭弧元件置于充有SF_6气体的箱筒内，而引线则通过绝缘出线套管引出。在绝缘套管的底部装有电流互感器，这种断路器也采用压缩空气传动的操纵机构。

第二节　互感器

互感器是发电厂和变电所的主要设备之一。供测量电压用的互感器称为电压互感容，供测量电流用的互感器称为电流互感器。互感器主要用途是：

（1）将二次回路与一次回路隔离，以保证操作人员和设备的安全。

（2）将电压和电流变换成统一的标准值，以减少测重仪表和缰电器的规格品牌，使仪表和继电器标准化。

为了人身安全，互感器的副线圈都应接地，这样可以防止当互感器绝缘损坏，高电压转到低电压侧，在仪表上出现危险的高压。

一、电压互感器

（一）电压互感器的变比及误差

电位互感器的结构原理与变压器相同，主要区别在于电压互感器容量很小，通常只有几十到几百 VA。另外，在大多数情况下，它的负荷是恒定的。这种根据电磁感应原理工作的电压互感器有时又称为电磁式电压互感器。

对电压互感器和电流互感器而言，人们最关心的是它的准确度，即误差的大小。通常，电压互感器的误差可分为电压误差 $\triangle U$ 和角误差 δ 这两种。

所谓电压误差是指测量副线圈电压比所得到的原电压的近似值。

电压误差对测量仪表的指示及继电器的输入值都将带来直接的影响；而角误差只是对功率型的测量仪表和继电器带来误差。

电压互感器有四种准确等级：即 0.2，0.5，1，3。

准确等级为 0.2 级的电压互感器主要用于精密的实验室测量，0.5 级及 1 级的电压互感器通常用于发电厂、变电所内配电盘上的仪表以及继电保护装置中，对计算电能用的电度表应当采用 0.5 级的电压互感器。

通常，电压互感器的误差与激磁电流、二次负荷以及功率因数等有关。因而，除与制造时所选用的铁芯材料的性能密切相关之外，在使用时还应注意准确等级与其容量（即所接的仪表、继电器线圈所消耗的功率）的关系。一定的准确度相应于一定的容量，因此，当电压互感器超过额定容量时，其准确等级都要相应降低。

（二）电压互感器的分类和结构

1.电压互感器的分类按安装地点可分为户内式和户外式，通常，35kV 以下制成户内式，35kV 以上制成户外式。

按相数分单相和三相两种，单相电压互感器可制成任何电压级的，而三相电压互感器则只限于 10kV 及以下电压级。

按线圈分可分为双线圈和三线圈。

按绝缘结构可分为干式、塑料浇注式、充气式和油浸式几种。干式结构简单，无着火和爆炸危险，但体积较大，只适用于 0.5kV 的户内装置。塑料浇注式结构紧凑，尺寸小，也无爆炸着火危险，使用维护方便，适用于 3~35kV 的户内装置。充气式主要用于 SF$_6$ 封闭式组合电器的配套。油浸式绝缘性能好，可用于 10kV 以上的户外装置，按其结构又可分为普通结构和审级式两种。下面简单介绍一下这种互感器的结构原理。

2. 油浸式普通结构的电压互感器。油浸式普通结构的电压互感器与小型油浸变压器相似，器身放在接地金属油箱内，原线图一端由固定在油箱盖上的绝缘套管引出，另一端用小套管引出接地，由于容量小，不要散热器等冷却装置。

普通结构的电压互感器只制成 3~35kV 电压级。其中 3~10kV 有单相（JDJ 型等）三相（JSSW 型三相五柱式等），用于户内装置；35kV 电压级只制成单相式，如 JDJ-3E 型（双线圈）和 JDJJ-35 型（三线圈）。

3。油浸式串级电压互感器电压在 110kV 及以上的电压互感器普遍采用串级式的，这种电压互感器的铁芯和线圈都装在瓷外壳内，没有独立的套件绝缘子，发外壳既起高压出线套管的作用，又代替油箱。这种互感器由几个中联元件（铁芯线陶）接在相与地之间组成。

如果副线圈开路，则所有元件快芯的磁通相等，各级电压分布均匀，每一元件上的电压是相对地电压的 1/2。又由于每一元件线圈中点是与铁芯相连接的，所以线图两端对铁芯的绝缘只需按最高相对地电压的 1/4 设计即可。铁芯与铁芯之间（相对地电压的 1/2）或铁芯与外壳的绝缘可以用油和其他支持物，这是比较容易做到的。由此可见，甲级式电压互感器，线圈与铁芯之间可以按比较低的绝缘电压设计，这是它的主要优点。

如果副线圈与测室仪表连接，则副线圈内有电流流过，产生去磁碳势，致使最末一个元件铁芯内的总磁通小于其他元件铁芯的总磁通。结果，每个元件上的电 压分布不相同，最末一个元件的电压低，随着所接仪表越多，降低的静值越大，这就使互感器准确度降低；为了改善这种情况，所有元件的铁芯上加装位数相同的平衡线圈，并作反向连接。这样，当两个元件的原边电压不相同时，平衡线圈的电势也不相同，上端元件平衡线圈电势高，末端元件平衡线圈电势低，引起图示方向的平衡电流（如箭头所示），由于平衡电流的作用，对末端元件起助磁作用，结果各元件的电压分布趋于均匀，提高了测量准确度。

　　串级式电压互感器由几个相同元件组成，元件的数目与电压有关，其装设和连接也有一定顺序。110kV 电压级由两个元件组成，220kV 电压级由四个元件组成。

　　串级式电压互感器的主要缺点是比普通结构的准确度低，其误差随元件数目的增多而增大。

二、电容式电压互感器

　　随着电力系统输电电压的提高，电磁式电压互感器的体积将越来越大，造价也越来越高，这时可以考虑采用电容式电压互感器来代替它。

　　电容式电压互感器实质上是一个电容分压器，它由若干个电容器串联，一端接高压线路，另一端接地。

　　根据电容分压器的原理制成的电容式电压互感器，在我国 220~500kV 电力网中得到了广泛应用。

　　电磁式电压互感器降低补偿电抗器的电阻，可以减小电容分压器的测量误差，然而要做到这一点是不容易的，尤其当补偿电抗器的电感值很大时，即使电感的品质因数很高，其电阻的绝对值还会很大。因此，要提高电容分压器的测量精度，就必须设法降低流过补偿电抗器的负荷电流，为此，电容分压器的输出端不能直接用来接测量仪表，而必须经过一个中间电磁式电压互感器降压后再接仪表，这样，好过中间电压互感器的变换二次制较大的负荷电流可变得很小。

　　阻尼电阻 R，因为电容式电压互感器内部具有电容和电感，为了防止产生谐振现象，在中间电压互感器的二次侧接有阻尼电阻 R。当该电阻足够大时，即可达到防止谐振的目的。

　　与一般电磁式电压互感器相比，电容式电压互感器具有以下一些优点：①绝缘可靠性高。电容式电压互感器多为油封式，耐压高，故障少；②价格低；③可以兼作载波通信或高房保护用的耦合电容。

三、电流互感器

（一）电流互感器的挣点

　　电流互感器同样是根据变压器原理来工作的，只是其副线圈仅与仪表及继电器的电流线圈相串联的。比起变压器和电压互感器来电流互感器本身有下列特点：

　　（1）仪表和继电器电流线图的阻抗值很小，因此电流互感器正常运行时副线圈相当于短路状态。

　　（2）电流互感器原线圈串联在电路中，且其匝数很少，因此电流互感器原线网中的电流完全取决于电路中的负荷电流，而与电源互感器的二次负荷无关。

（3）电流互感器在运行中不容许二次侧（副线圈）开路。对此，进一步说明如下：在原边电流（一次电路）为额定值及二次侧成闭合回路的条件下，电流互感器铁芯中的磁通密度为 0.06~0.1T，但当二次侧开路而原边电流仍存在时，铁芯中的磁通量度剧。

（二）电源互感器的分类和结构

电流互感器种类很多，可用不同方法进行分类。

按安装地点分可分为户内式、户外式及装入式。35kV 及以上多为户外式，10kV 以下多为户内式，装入式又称套管式，即把电流互感器装在 35kV 及以上的变压器或断路器的套管中，这种型式应用很普遍。

按安装方法可分为穿墙式和支持式。

按绝缘可分为干式、浇注式和油浸式。干式互感器适于低压户内使用，浇注式用于 35kV 及以下户内，油浸式用于户外。

按变液比可分为单变流比和多变流比电流互感器。

单变流比电流互感器只有一种变流比，如 0.5kV 电流互感器的原副线圈均套在同一铁芯上，它的结构最简单。10kV 及以上的互感器，常采用多个没有磁联系的独立铁芯和副线圈，原线圈是公共的；对 10~35kV 电压级电流互感器有两个副线圈；110kV 级有三个副线圈；220~500kV 位有四个副线圈。

多变流比电流互感器是为适应回路中电流变化和减少产品规格而设计的，常将原线图分成几组，通过串联、并联和串并联可以获得几种变流比。通常 110kV 电压级的电流互感器有两种变流比，220~500kV 级有 2~3 种变流比。

按原线圈匝数分，可分为单匝和多匝式两种。单匝式又有贯穿式（原线圈为单根铜杆或铜管）、母线式和套管式。多匝式分"8"字形和"U"字形两种。

单匝式互感器构造简单、尺寸小，价格低廉。但当一次电流较小时，其误差较大。额定电流为 400A 以下者多采用多匝式互感器。

油浸式"8"字形结构的互感器主要适用于 35~110kV 电压级的产品，原线厢套在绕有副级图的环形铁芯上，原线圈和铁芯都包有较厚的电缆纸，通常两者绝缘厚度相等。为了提高外绝缘强度和内绝缘的游离电压，也可使原线圈绝缘比铁芯绝缘厚一些。这种绝缘织构中的电场强度分布不均匀，材料得不到充分利用，原线圈的出线部分包扎不连续，形成绝缘的薄弱环节，而且绝缘包扎不便于机械化，所以不适用于更高电压等级。

油浸式"U"字形结构的互感器适用于 110kV 及以上电压级的产品，原线圈做成"U"字形，主绝缘全部包扎在原线圈上可以用环形或 C 形铁芯。为了提高主绝缘的强度，在绝缘中放置一定数量的同心圆筒形电容屏，最外层电容屏接地，各电容屏间形成一个串联的电容器组,称之为电缆电容型绝缘。由于其电场分布均匀和绝缘包制可以实现机械化,目前在 110kV 及以上的高压电流互感器中得到广泛的应用。

第五章　智能电网综述

　　智能电网的建立是一个巨大的历史性工程。目前很多复杂的智能电网项目正在进行中，但缺口仍是巨大的。对于智能电网技术的提供者来说，所面临的推动发展的挑战是配电网络系统升级、配电站自动化和电力运输、智能电网网络和智能仪表。

　　智能电网是电网技术发展的必然趋势。通信、计算机、自动化等技术在电网中得到广泛深入的应用，并与传统电力技术有机融合，极大地提升了电网的智能化水平。传感器技术与信息技术在电网中的应用，为系统状态分析和辅助决策提供了技术支持，使电网自愈成为可能。调度技术、自动化技术和柔性输电技术的成熟发展，为可再生能源和分布式电源的开发利用提供了基本保障。通信网络的完善和用户信息采集技术的推广应用，促进了电网与用户的双向互动。随着各种新技术的进一步发展、应用并与物理电网高度集成，智能电网应运而生。

　　中国产业调研网发布的 2016—2022 年中国智能电网行业现状分析与发展趋势研究报告显示，发展智能电网是社会经济发展的必然选择为实现清洁能源的开发、输送和消纳。电网必须提高其灵活性和兼容性。为抵御日益频繁的自然灾害和外界干扰，电网必须依赖智能化手段不断提高其安全防御能力和自愈能力。为降低运营成本，促进节能减排，电网运行必须更为经济高效，同时须对用电设备进行智能控制，尽可能减少用电消耗。分布式发电、储能技术和电动汽车的快速发展，改变了传统的供用电模式，促使电力流、信息流、业务流不断融合，以满足日益多样化的用户需求。

　　下面笔者对智能电网的相关概念、研究现状以及智能电网的技术架构进行介绍。

第一节　智能电网概述

　　智能电网就是电网的智能化，也被称为"电网2.0"，它是建立在集成的、高速双向通信网络的基础上，通过先进的传感和测量技术、先进的设备技术、先进的控制方法以及先进的决策支持系统技术的应用，实现电网的可靠、安全、经济、高效、环境友好和使用安全的目标。其主要特征包括自愈、激励和包括用户、抵御攻击、提供满足 21 世纪用户需求的电能质量、容许各种不同发电形式的接入、启动电力市场以及资产的优化高效运行。

一、智能电网的定义

关于智能电网，不同部门给出了不同的定义。

1. 美国能源部《Grid 2030》：一个完全自动化的电力传输网络，能够监视和控制每个用户和电网在点，保证从电厂到终端用户整个输配电过程中所有节点之间的信息和电能的双向流动。

2. 中国物联网校企联盟：智能电网由很多部分组成，可分为：智能变电站。智能配电网，智能电能表。智能交互终端，智能调度，智能家电，智能用电楼宇。智能城市用电网，智能发电系统，新型储能系统。现在对其中的一部分做简单介绍。

3. 欧洲技术论坛：一个可整合所有连接到电网用户所有行为的电力传输网络，以有效提供持续、经济和安全的电力。

4. 国家电网中国电力科学研究院：以物理电网为基础（中国的智能电网是以特高压电网为骨干网架、各电压等级电网协调发展的坚强电网为基础），将现代先进的传感测量技术、通信技术、信息技术、计算机技术和控制技术与物理电网高度集成而形成的新型电网。它以充分满足用户对电力的需求和优化资源配置、确保电力供应的安全性、可靠性和经济性、满足环保约束、保证电能质量、适应电力市场化发展等为目的，实现对用户可靠、经济、清洁、互动的电力供应和增值服务。

二、智能电网的目标

智能电网的目标是实现电网运行的可靠、安全、经济、高效、环境友好和使用安全，电网能够实现这些目标，就可以称其为智能电网。具体来说，包括以下几方面：

1. 智能电网必须更加可靠。智能电网不管用户在何时何地，都能提供可靠的电力供应。它对电网可能出现的问题提出充分的告警，并能忍受大多数的电网扰动而不会断电。它在用户受到断电影响之前就能采取有效的校正措施，以使电网用户免受供电中断的影响，

2. 智能电网必须更加安全。智能电网能够经受物理的和网络的攻击而不会出现大面积停电或者不会付出高昂的恢复费用，它更不容易受到自然灾害的影响。智能电网必须更加经济——智能电网运行在供求平衡的基本规律之下，价格公平且供应充足。智能电网必须更加高效——智能电网利用投资，控制成本，减少电力输送和分配的损耗，电力生产和资产利用更加高效。通过控制潮流的方法，以减少输送功率拥堵和允许低成本的电源包括可再生能源的接入。

3. 智能电网必须更加环境友好。智能电网通过在发电、输电、配电、储能和消费过程中的创新来减少对环境的影响，进一步扩大可再生能源的接入。在可能的情况下，

在未来的设计中，智能电网的资产将占用更少的土地，减少对景观的实际影响。智能电网必须是使用安全的——智能电网必须不能伤害到公众或电网工人，也就是对电力的使用必须是安全的。

三、智能电网的主要特征

智能电网包括八个方面的主要特征，这些特征从功能上描述了电网的特性，而不是最终应用的具体技术，它们构成了智能电网的完整图像。

1.智能电网是自愈电网。"自愈"指的是把电网中有问题的元件从系统中隔离出来，并且在很少或不用人为干预的情况下可以使系统迅速恢复到正常运行状态，从而几乎不中断对用户的供电服务——从本质上讲，自愈就是智能电网的"免疫系统"。这是智能电网最重要的特征。自愈电网进行连续不断的在线自我评估以预测电网可能出现的问题，发现已经存在的或正在发展的问题，并立即采取措施加以控制或纠正。自愈电网确保电网的可靠性、安全性、电能质量和效率。自愈电网将尽量减少供电服务中断，充分应用数据获取技术，执行决策支持算法，避免或限制电力供应的中断，迅速恢复供电服务。基于实时测量的概率风险评估将确定最有可能失败的设备、发电厂和线路；实时应急分析将确定电网整体的健康水平，触发可能导致电网故障发展的早期预警，确定是否需要立即进行检查或采取相应的措施；与本地和远程设备的通信将帮助分析故障、电压降低、电能质量差、过载和其他不希望的系统状态，基于这些分析，采取适当的控制行动。自愈电网经常应用连接多个电源的网络设计方式。当出现故障或发生其他的问题时，在电网设备中的先进的传感器确定故障并和附近的设备进行通信，以切除故障元件或将用户迅速地切换到另外的可靠的电源上，同时传感器还有检测故障前兆的能力，在故障实际发生前，将设备状况告知系统，系统就会及时地提出预警信息。

2.智能电网激励和包容用户。在智能电网中。用户将是电力系统不可分割的一部分。鼓励和促进用户参与电力系统的运行和管理是智能电网的另一重要特征。从智能电网的角度来看，用户的需求完全是另一种可管理的资源，它将有助于平衡供求关系，确保系统的可靠性；从用户的角度来看，电力消费是一种经济的选择，通过参与电网的运行和管理，修正其使用和购买电力的方式，从而获得实实在在的好处。在智能电网中，用户将根据其电力需求和电力系统满足其需求的能力的平衡来调整其消费。同时需求响应（DR）计划将满足用户在能源购买中有更多选择的基本需求，减少或转移高峰电力需求的能力使电力公司尽量减少资本开支和营运开支，通过降低线损和减少效率低下的调峰电厂的运营，同时也提供了大量的环境效益。在智能电网中，和用户建立的双向实时的通信系统是实现鼓励和促进用户积极参与电力系统运行和管理的基础。实时通知用户其电力消费的成本、实时电价、电网目前的状况、计划停电信息以及其他一些服务的信息。同时用户也可以根据这些信息制订自己的电力使用的方案。

3. 智能电网能抵御攻击。电网的安全性要求一个能降低对电网物理攻击和网络攻击的脆弱性，并快速从供电中断中恢复的全系统的解决方案。智能电网应具备被攻击后快速恢复的能力。甚至是对付从那些决心坚定和装备精良的攻击者发起的攻击。智能电网的设计和运行都将阻止攻击，最大限度地降低其后果和快速恢复供电服务。智能电网也能同时承受对电力系统的几个部分的攻击和在一段时间内多重协调的攻击。智能电网的安全策略将包含威慑、预防、检测、反映，以尽量减少和减轻对电网和经济发展的影响，不管是物理攻击还是网络攻击，智能电网要通过加强电力企业与政府之间重大威胁信息的密切沟通，在电网规划中强调安全风险，加强网络安全等手段，提高智能电网抵御风险的能力。

4. 智能电网提供满足 21 世纪用户需求的电能质量。电能质量指标包括电压偏移、频率偏移、三相不平衡、谐波、闪变、电压骤降和突升等。由于用电设备的数字化，对电能质量越来越敏感，电能质量问题可以导致生产线的停产，对社会经济发展具有重大的损失，因此提供能满足 21 世纪用户需求的电能质量是智能电网的又一重要特征。但是电能质量问题不是电力公司一家的问题，因此需要制定新的电能质量标准，对电能质量进行分级，因为并非所有的商业企业用户和居民用户，都需要相同的电能质量。电能质量的分级可以从"标准"到"优质"，取决于消费者的需求，它将在一个合理的价格水平上平衡负载的敏感度与供电的电能质量。智能电网将以不同的价格水平提供不同等级的电能质量，以满足用户对不同电能质量水平的需求，同时要将优质优价写入电力服务的合同中。

5. 智能电网将减轻来自输电和配电系统中的电能质量事件，通过其先进的控制方法监测电网的基本元件，从而快速诊断并准确地提出解决任何电能质量事件的方案。此外。智能电网的设计还要考虑减少由于闪电、开关涌流、线路故障和谐波源引起的电能质量的扰动，同时应用超导、材料、储能以及改善电能质量的电力电子技术的最新研究成果来解决电能质量的问题。另外智能电网将采取技术和管理手段，使电网免受由于用户的电子负载所造成的电能质量的影响，将通过监测和执行相关的标准，限制用户负荷产生的谐波电流注入电网。除此之外，智能电网将采用适当的滤波器，以防止谐波污染送入电网，恶化电网的电能质量。

6. 智能电网将容许各种不同类型发电和储能系统的接入。智能电网将安全、无缝地容许各种不同类型的发电和储能系统接入系统，简化联网的过程，类似于"即插即用"，这一特征对电网提出了严峻的挑战，改进的互联标准将使各种各样的发电和储能系统容易接入从小到大各种不同容量的发电和储能在所有的电压等级上都可以互联，包括分布式电源如光伏发电、风电、先进的电池系统、即插式混合动力汽车和燃料电池商业用户可以安装自己的发电设备（包括高效热电联产装置）和电力储能设施将更加容易和更加有利可图。在智能电网中，大型集中式发电厂包括环境友好型电源。如风电和大型太阳能电厂和先进的核电厂将继续发挥市场的作用，加强输电系统的建设使这些大型电厂仍然能够远距离输送电力。同时各种各样的分布式电源的接入一方面可减少对外来能源的依赖，另一方面可提高供电可靠性和电能质量，特别是对应对战争和恐怖袭击具有重要的意义。

7. 智能电网将使电力市场蓬勃发展，在智能电网中，先进的设备和广泛的通信系统在每个时间段内支持市场的运作，并为市场参与者提供了充分的数据，因此电力市场的基础设施及其技术支持系统是电力市场蓬勃发展的关键因素。智能电网通过市场上供给和需求的汇动可以最有效地管理电能源、容量、容量变化率、潮流阻塞等参数，降低潮流阻塞，扩大市场，汇集更多的买家和卖家。用户通过实时报价来感受到价格的增长从而将降低电力需求，推动成本更低的解决方案，并促进新技术的开发。新型洁净的能源产品也将给市场提供更多选择的机会。

8. 智能电网优化资产应用，使运行更加高效。智能电网优化调整电网资产的管理和运行以实现用最低的成本提供所期望的功能。这并不意味着资产将被连续不断地用到极限，而是有效地管理需要什么资产以及何对需要，每个资产将和所有其他资产进行很好的整合，以最大限度发挥其功能，同时降低成本，智能电网将应用最新技术优化其资产的应用。例如，通过动态评估技术使资产发挥其最佳的能力，通过连续不断地监测和评价其能力使资产能够在更大的负荷下使用。

综上所述，智能电网通过高速通信网络实现对运行设备的在线状态监测，以获取设备的运行状态，在最恰当的时间给出需要维修设备的信号，实现设备的状态检修。同时使设备运行在最佳状态系统的控制装置可以被调整到降低损耗和消除阻塞的状态。通过对系统控制装置的这些调整，选择最低成本的能源输送系统，提高运行的效率。最佳的容量、最佳的状态和最佳的运行将大大降低电网运行的费用此外，先进的信息技术将提供大量的数据和资料，并将集成到现有的企业范围的系统中，大大加强其能力，以优化运行和维修过程。这些信息将为设计人员提供更好的工具，创造出最佳的设计来，为规划人员提供所需的数据，从而提高电网规划的能力和水平。这样，运行和维护费用以及电网建设投资将得到更为有效的管理。

四、智能电网的技术架构

（一）智能电网的结构组成

智能电网就是通过传感器把各种设备、资产连接到一起，形成一个客户服务总线。

从而对信息进行整合分析，以此来降低成本，提高效率，提高整个电网的可靠性，使运行和管理达到最优化。不仅电力公司可以读到用户的电表，用户也能看到整个城市的电力供求情况，在功能上实现了数据读取的实时（real-Time）、高速（high-speed）、双向（two-way）。

从广义上来说，智能电网包括可以优先使用清洁能源的智能调度系统、可以动态定价的智能计量系统以及通过调整发电、用电设备功率优化负荷平衡的智能技术系统。电能不仅从集中式发电厂流向输电网、配电网直至用户，同时电网中还遍布各种形式的新能源和清洁能源；此外，高速、双向的通信系统实现了控制中心与电网设备之间的信息交互，高级的分析工具和决策体系保证了智能电网的安全、稳定和优化运行。

从物理层次上来看，智能电网的结构可以分成如下四层。

1. 发输配用层——智能元件，智能电器

其"发输配用"环节的技术包括:（1）发电:风电、分布式电源、光伏、接入等;（2）输电:互济、超导、特高压、网架等;（3）配电:微网、虚拟电厂、先进表计网络设施、需求侧响应等;（4）用电：智能电器、用电自动控制、移动电力供应车、储能技术等。

2. 传感量测保护控制层——智能控制

主要通过二次智能设备来实现智能控制，如:

传感器与测量—用来评估阻塞和电网稳定性，监控设备健康情况、防止窃电以及控制策略支持等，其技术包括：先进微处理器和表计读数装置、广域监控系统、动态线路定级、电磁信号测量与分析、用电时间的实时定价工具、先进开关和电缆、分散无线电通信技术以及数字继电器等。

智能表计（AMI）—它可提供从发电厂到电力出口（智能槽）以及其他智能电网设备间的通信路径，且用户可以在高峰期关断这样的设备。

相角测量单元（PMU）—作为高速传感器的 PMU 分布在电网中，用于监控电能并在某些情况下自动响应于电能质量状况。在 20 世纪 80 年代，全球定位系统 GPS 的时钟脉冲用于电网中的精确时间测量。随着大量 PMU 的应用以及电网中任何地点交流的形状比较，研究人员建议自动系统应改变电力系统管理来快速动态响应系统状况。

广域测量系统（WAMS）—基于相量测量装置（PMU）的 WAMS，既支持其行快速、准确特点的状态估计，使得对电压失稳及低频振荡的监视报警、系统动稳极限输电功率的确定等高级系统分析成为可能，又可与稳控装置终端相结合。组成广域稳定控制的快速保护系统，或称广域保护／广域控制系统（WAPS/WACS）。

3. 信息通信网络层——智能网络

建立一个完全集成的统一智能通信网络，并且通过网络直接连接，涉及领域有：变电站自动化、需求响应、配电自动化、监控和数据采集（SCADA）、能后管理系统、无线网与其他技术、电线载波通信以及光纤通信等，其功能是：实时控制、信息和数据交换达到最佳的系统可能性、最好资产利用以及最高安全性。

4. 高级调度中心层——智能运行

与面向物理系统便于采用精确解的安全防护不同，灾变防御除面对电力系统外，还涉及自然和社会诸多因素，因此必须与知识工程的智能解相结，合面向 Agent 是继面向过程和面向对象之后的新一代软件系统工程技术。推理等人工智能（AI）技术会得到广泛的应用，同时。为了实现整个系统范围内的协调控制，分散式智能代理及其网状控制结构等形式的设计具有非常关键的作用，它们可以支持分散式决策，也可以在此基础上进行集中协调。发达的通信能力为这种设计提供了坚实的技术支撑。

（二）智能电网的主要技术组成与功能

智能电网的技术组成主要有四部分：高级量测体、高级配电运行、高级输电运行以及高级资产管理。

（1）高级信测体系。包括智能电表、通信网络、计证数据管理系统、用户室内网等，主要功能为面向用户，使用户得到电网实时信息从而能支持电网运行。

（2）高级配电运行。包括高级配电自动化，高级保护与控制，配电快速仿真灯模拟等，主要功能为维持电网稳定运行，实现智能控制从而达到电网自愈的目的。

（3）高级输电运行。包括变电站自动化、输电地理信息系统、广域测量系统等，与其他主要技术功能相配合实现输电系统的运行和管理优化。

（4）高级资产管理，包括优化资产使用的运行、输配电网规划等，该技术需装设大量高级传感器以收集实时信息。

1. 高级量测体系

高级量测体系（AMI）主要功能是授权给用户，使系统同负荷建立起联系，使用户能够支持电网的运行。AMI 是许多技术和应用集成的解决方案，其技术组成和功能主要包括：

（1）智能电表。可以定时或即时取得用户带有时标的分时段的（如 15min，1h 等）或实时（或准实时）的多种计量值，如用电量、用电功率、电压、电流和其他信息；事实上已成为电网的传感器。

（2）通信网络。采取固定的双向通信网络，能把表计信息（包括故障报警和装置干扰报警）接近于实时地从电表传到数据中心，是全部高级应用的基础。

（3）计量数据管理系统（MDMS）。这是一个带有分析工具的数据库，通过与AMI 自动数据收集系统的配合使用，处理和储存电表的计量值。

（4）用户室内网（HAN）。通过网关或用户人口把智能电表和用户户内可控的电器或装置（如可编程的温控器）连接起来，使得用户能根据电力公司的需要，积极参与需求响应或电力市场。

（5）提供用户服务（如分时或实时电价等）。

（6）远程接通或断开。

2. 高级配电运行

高级配电运行的技术组成和功能主要包括：

（1）高级配电自动化。

（2）高级保护与控制。

（3）配电快速仿真与模拟。

（4）新型电力电子装置。

（5）可再生能源与分布式能源的接入。

（6）运行管理系统（带有高级传感器）。

ADO 主要的功能是使系统可自愈，为了实现自愈，电网应该具有灵活的可以建构的配电网络拓扑和实时监控、分析系统目前状态的能力。后者既包括识别故障早期征兆的预测能力，也包括对已经发生的扰动做出响应的能力。而在系统中安装大量的监视传感器并把它们连接到一个安全的通信网上去，是做出快速预测和响应的关键。

快速仿真与模拟是 ADO 的核心软件。其中包括风险评估、自愈控制与优化等高级软件系统，为智能电网提供数学支持和预测能力，以期达到改善电网的稳定性、安全性、可靠性和运行效率的目的。配电快速仿真与模拟（DFSM）需要支持四个主要的自愈功能。

（1）网络重构。

（2）电压与无功控制。

（3）故障定位、隔离和恢复供电。

（4）当系统拓扑结构发生变化时继续保持再整定。

上述主要功能相互联系，致使 DFSM 变得很复杂。例如，电网的任一重构要求一个新的继电保护配合和新的电压调节方案，还包含恢复供电功能。DFSM 通过分布式的智能网络代理来实现跨地理边界和组织边界的智能控制，从而实现系统的自愈功能。这些智能网络代理，能收集和交流系统信息并对（诸如继电保护操作这样的）局部控制做出决策，同时根据整个系统要求协调这些决策，ADO 中的高级配电自动化（ADA）是智能电网实现自愈的基础，与传统配电自动化相比，ADA 是革命性的。因为 ADA 是用于电力交换系统的（分布式电源上网运行，而使配电网支路上的潮流可能是双向的），其中将使用电力电子、信息、分布式计算与仿真方面的新技术；同时 ADA 可为用户提供新的服务。

3. 高级输电运行的技术与功能

智能电网对输变电安全运行的要求与传统电网发生了很大的变化。首先，对在线安全监测及状态信息获取等方面，不同于传统电网的局部、外散、孤立信息，对于智能电网而言，其所监测的状态信息具有广域、全景、实时、全方位、同一断面、准确可靠的特征。由于电网是统一协调的系统，未来智能电网的状态监测需要通过对涵盖发电侧、电网侧、用户侧的状态信息，进行关联分析、诊断和决策因此，智能电网的在线安全监测必须是广域的全网状态信息。其次，电网运行状态不仅依赖于电网装备状态、电网实时状态，还与供需动态及趋势、甚至自然界的状态相关。因此，未来智能电网的状态监测信息不仅有电网装备的状态信息，如输变电设备的健康状态、劣化趋势、安全运行承受范围、经济运行曲线等；还应有电网运行的实时信息，如机组运行工况、电网运行工况、潮流变化信息、用电侧需求信息等；还应有自然物理信息，如地理信息、气象信息、灾变预报信息等。因而，智能电网的状态监测信息应是全景、实时、全方位的。同时，智能电网必须要求对所获取的全网实时数据进行快速的筛选与分析，迅速、准确而全面地掌握电力系统的实际运行状态。同时预测和分析系统的运行趋势，对运行中发生的各种问题提出对策，并决定下一步的决策。为输变电系统的安全运行保驾护航。

高级输电运行（ATO）强调阻塞管理和降低大规模停运的风险，ATO 同 AMI、ADO 和 AAM 的密切配合实现输电系统的（运行和资产管理）优化，输电网是电网的骨干，ATO 在智能电网中的重要性毋庸置疑。其技术组成和功能如下：

（1）变电站自动化。

（2）输电的地理信息系统。

（3）广域量测系统。

（4）高速信息处理。

（5）高级保护与控制。

（6）模拟、仿真和可视化工具。

（7）高级的输电网络元件，如电力电子（灵活交流输电，固态开关等）先进的导体和超导装置。

（8）先进的区域电网运行，如提高系统安全性，适应市场化和改善电力规划和设计的规范与标准（特别注意电网模型的改进，如集中式的发电模型以及受配电网络和有源电力用户影响的负荷模型）。

4. 高级资产管理

AMI、ADO 和 ATO 同高级资产管理（AAM）的集成将大大改进电网的运行和效率，实现 AAM 需要在系统中装设大量可以提供系统参数和设备（资产）"健康"状况的高级传感器，并把所收集到的实时信息与如下过程集成：

（1）优化资产使用的运行。

（2）输、配电网规划。

（3）基于条件（如可靠性水平）的维修。

（4）工程设计与建造。

（5）顾客服务。

（6）工作与资源管理。

（7）模拟与仿真。

（三）智能电网技术的关键功能

表 5-1 对智能电网技术的关键功能进行了总结。表中列出的功能和能力可以分为 4 类：基础设施、测量、电网以及住宅 / 建筑物。

表 5-1　智能电网技术的功能

编号	功能	描述
		基础设施
1	通信和安全	能够支持实时操作和非操作智能技术的基础通信功能
2	整合电动汽车、大规模可再生能源、分布式能源	接入高比重的电动汽车、大规模可再生能源、分布式能源，将会使配电网络从"被动"（局部的 / 有限的自动化、监测和控制）系统转化为能够活跃（全局的 / 综合性的、可自我监测的、半自动化的）响应各种电网动态的系统。由于网络运行方式不同于以往，从而给电网的设计、运行和管理带来了挑战。因此，新系统的规划和运行需要采取不同方式，需要更加关注系统的全局性问题，此外，在大型可再生能源并网时，这些能源的可调度性和可控性也是个问题，能源存储系统可以将能源的生产和供应过程分离有助于缓解这些潜在问题
		测量
1	远程用户价格信号	提供实时电价信息
2	能源使用数据 / 信息	收集、存储用户能源使用数据 / 信息，并可以按照任意时间间隔定时或者实时汇报
3	远程确定停电位置和范围	电去在断电时能够发送信号。恢复供电后能够判断自身状态
4	远程连接、解除连接、再连接	远程控制智能设备的开关状态
5	远程配置	可进行远程配置，改变功能以及升级固件和软件
6	优化零售商的现金流	实现更有效的现金收取和债务管理，使零售能源服务供应商管理其收入
		电网

1 内置传感装置、自动化、保护和控制		广域系统监测和高级系统分析：基于PMU的实时电网监测系统，而且具有高级分析功能，能够进行智能的故障和停电检测。基于MU的状态评估能够实现实时的动态和静态系统稳定性分析、风险和裕度评估、电力系统优化、安全自动装置配备等功能，从而使规划者/系统运行人员能够有效地预测可能发生的严用电网扰动，避免形成重大停电事故。 广域自适应保护、控制和自动化：保护的基本思想是要使不同保护功能能够自动调整，以适应电力系统中的绝大多数情况，自适应保护的目的包括缓解广域扰动、提高电力系统的输电容量和可靠性、改变运行准则
2	高级系统保护	现代电网依赖于全自动或半自动电网操作，控制中心还可以进行一定水平的人工干涉高级系统保护。其由动态安全评估、广域监测系统（WAMS）和控制功能组成
3	高级系统管理	（1）优化设备性能以提高利用效率可以通过在电网上采用实时、动态定价应用来实现。这可以使计划输电能力和电网设备性能超过制造厂商设定的"铭牌"值； （2）维护网络组件效率可采用基于状态和基于表现两种维护方式来实现
4	高级系统规划	智能电网系统规划要考虑到接入进来的大量可再生能源、高比重的分布式发电以及既可充电又可供电的电动汽车对系统的实时影响
5	计划性孤岛（微网）与总的负荷和发电管理（VPP）	计划性孤岛和/或电力子系统的并网运行。可使多个负荷/发电设施达到最优平衡，从而实现可靠、低成本的运行
住宅/建筑物		
1	总的需求侧响应	聚合需求以减少高峰负荷并促进系统更有效地达到平衡
2	EMS	对家用电器、分布式发电和电动汽车进行控制，优化能源使用

智能电网涉及的技术领域作常广泛，包括软硬件、应用系统及通信技术等。各种技术的成热程度各不相同。某些技术已经相当成熟，经过了时间的检验。但也有很多技术尚处于早期阶段，需要经过大规模应用来加以验证。

新功能和能源利用技术的发展对于实现智能电网的伟大蓝图非常关键。智能电网投资应该侧重整体电网解决方案，这将会导致各企业智能电网计划出现差异，但是智能电网不仅仅是一种新技术，它将对电力行业的整个流程产生重大影响。也许更重要的是，智能电网技术带来了新信息，创造了新型的用户和电力企业间的关系能源利用技术（例如智能装置、通信和信息基础设施以及运行软件）。对智能电网方案的发展和实现起着非常重要的作用。每个电力用户将会根据以往的作为和投资、当前需求以及对未来的期许，开始自己的智能电网之旅。

五、智能电网的先进性与发展性

（一）智能电网的先进性

与现有电网相比，智能电网体现出电力流、信息流和业务流高度融合的显著特点，其先进性和优势主要表现在：

1. 具有坚强的电网基础体系和技术支撑体系，能够抵御各类外部干扰和攻击，能够适应大规模清洁能源和可再生能源的接入，电网的坚强性得到巩固和提升。

2. 信息技术、传感器技术、自动控制技术与电网基础设施有机融合。可获取电网的全景信息，及时发现、预见可能发生的故障，故障发生时，电网可以快速隔离故障，实现自我恢复，从而避免大面积停电的发生。

3. 柔性交／有流输电、网厂协调、智能调度、电力储能、配电自动化等技术的广泛应用，使电网运行控制更加灵活、经济，并能适应大量分布式电源、微电网及电动汽车充放电设施的接入。

4. 通信、信息和现代管理技术的综合运用，将大大提高电力设备使用效率。降低电能损耗。使电网运行更加经济和高效。

5. 实现实时和非实时信息的高度集成、共享与利用，为运行管理展示全面、完整和精细的电网运营状态图，同时能够提供相应的辅助决策支持、控制实施方案和应对预案。

6. 建立双向互动的服务模式，用户可以实时了解供电能力、电能质量、电价状况和停电信息，合理安排电器使用；电力企业可以获取用户的详细用电信息。为其提供更多的增值服务。

（二）智能电网的发展性

1. 发展趋势

国家电网制定的《坚强智能电网技术标准体系规划》，明确了坚强智能电网技术标准路线图。是世界上首个用于引导智能电网技术发展的纲领性标准国网公司的规划。其主要内容为，到 2015 年基本建成具有信息化、自动化、互动化特征的坚强智能电网，形成以华北、华中、华东为受端，以西北、东北电网为送端的三大同步电网，使电网的资源配置能力、经济运行效率、安全水平、科技水平和智能化水平得到全面提升。

（1）智能电网是电网技术发展的必然趋势。通信、计算机、自动化等技术性电网中得到广泛深入的应用，并与传统电力技术有机融合，极大地提升了电网的智能化水平。传感器技术与信息技术在电网中的应用为系统状态分析和辅助决策提供了技术支持，使电网自愈成为可能调度技术、自动化技术和柔性输电技术的成熟发展，为可再生能源和分布式电源的开发利用提供了基本保障通信网络的完善和用户信息采集技术的推广应用，促进了电网与用户的双向互动；随着各种新技术的进一步发展、应用并与物理电网高度集成，智能电网应运而生。

（2）发展智能电网是社会经济发展的必然选择。为实现清洁能源的开发、输送和消纳，电网必须提高其灵活性和兼容性；为抵御日益频繁的自然灾害和外界干扰，电网必须依靠智能化手段不断提高其安全防御能力和自愈能力；为降低运营成本，促进节能减排，电网运行必须更为经济高效，同时须对用电设备进行智能控制，尽可能减少用电消耗分布式发电、储能技术和电动汽车的快速发展。其改变了传统的供用电模式，促使电力流、信息流、业务流不断融合，以满足日益多样化的用户需求。

2. 发展计划

日本计划在 2030 年全部普及智能电网，同时官民一体全力推动在海外建设智能电网。在蓄电池领域，日本企业的全球市场占有率目标是力争达到 50%，获得约 10 万亿日元的市场日本经济产业省已经成立"关于下一代能源系统国际标准化研究会"，日美已确立在冲绳和夏威夷进行智能电网共同实验的项目。

3. 发展方向

在绿色节能意识的驱动下，智能电网成为世界各国竞相发展的一个重点领域。

智能电网是电力网络，可以自我修复，让消费者积极参与，能及时从袭击和自然灾害复原，容纳所有发电和能量储存，能接纳新产品、服务和市场，优化资产利用和经营效率，为数字经济提供电源质量。

智能电网建立在集成的、高速双向通信网络基础之上，旨在利用先进传感和测量技术、先进设备技术、先进控制方法，以及先进决策支持系统技术，实现电网可修、安全、经济、高效、环境友好和使用安全的高效运行。

它的发展是一个渐进的逐步演变，是一场彻底的变革，是现有技术和新技术协同发展的产物，除了网络和智能电表外还饱含了更广泛的范围。

未来我们应该建设以特高压电网为骨干网架，各级电网协调发展，以信息化、自动化、互动化为特征的坚强智能电网，全面提高电网的安全性、经济性、适应性和互动性，坚强是基础，智能是关键。

4. 发展意义

（1）具备强大的资源优化配置能力。我国智能电网建成后将实现大水电、大燥电、大核电、大规模可再生能源的跨区域、远距离、大容量、低损耗、高效率输送。区域间电力交换能力明显提升。

（2）具备更高的安全稳定运行水平。电网的安全稳定性和供电可售性将大幅提升，电网各级防线之间紧密协调，具备抵御突发性事件和严重故障的能力，能够有效避免大范围连锁故障的发生，显著提高供电可靠性，减少停电损失。

（3）适应并促进清洁能源发展。电网将具备风电机组功率预测和动态建模、低电压穿越和有功无功控制以及常规机组快速调节等控制机制，结合大容量储能技术的推广应用，对清洁能源并网的运行控制能力将显著提升，使清洁能源成为更加经济、高效、可靠的能源供给方式。

（4）实现高度智能化的电网调度，全面建成横向集成、纵向贯通的智能电网调度技术支持系统。实现电网在线智能分析、预警和决策，以及各类新型发输电技术设备的高效调控和交直流混合电网的精益化控制。

（5）满足电动汽车等新型电力用户的服务要求。将形成完善的电动汽车充放电配套基础设施网，满足电动汽车行业的发展需要，适应用户需求，实现电动汽车与电网的高效互动。

（6）实现电网资产高效利用和全寿命周期管理。可实现电网设施全寿命周期内的统筹管理，通过智能电网调度和需求侧管理，电网资产利用小时数大幅提升，电网资产利用效率显著提高。

（7）实现电力用户与电网之间的便捷互动，将形成智能用电互动平台。完善需求侧管理，为用户提供优质的电力服务。同时，电网可综合利用分布式电源、智能电能表、分时电价政策以及电动汽车充放电机制，有效平衡电网负荷，降低负荷峰谷差，减少电网及电源建设成本。

（8）实现电网管理信息化和精益化将形成覆盖电网各个环节的通信网络体系，实现电网数据管理、信息运行维护综合监管、电网空间信息服务以及生产和调度应用集成等功能，全面实现电网管理的信息化和精益化。

（9）发挥电网基础设施的增值服务潜力。在提供电力的同时，服务国家"四网融合"战略，为用户提供社区广告、网络电视、语音等集成服务，为供水、热力、燃气等行业的信息化、互动化提供平台支持，拓展及提升电网基础设施增值服务的范围和能力，有力推动智能城市的发展。

（10）促进电网相关产业的快速发展。电力行业属资金密集型和技术密集型行业，具有投资大、产业链长等特点。建设智能电网，有利于促进装备制造和通信信息等行业的技术升级，为我国占领世界电力装备制造领域的制高点电定基础

六、智能电网的重要作用

（一）方便生活

坚强智能电网的建设，将推动智能小区、智能城市的发展，提升人们的生活品质。

1.让生活更便捷。家庭智能用电系统既可以实现对空调、热水器等智能家电的实

时控制和远程控制，又可以为电信网、互联网、广播电视网等提供接入服务，还能够通过智能电能表实现自动抄表和自动转账交费等功能。

2. 让生活更低碳。智能电网可以接入小型家庭风力发电和屋顶光伏发电等装置，并推动电动汽车的大规模应用，从而提高清洁能源消费比重，减少城市污染。

3. 让生活更经济，智能电网可以促进电力用户角色转变，使其兼有用电和售电两重属性；能够为用户搭建一个家庭用电综合服务平台，帮助用户合理选择用电方式，节约用能，有效降低用能费用支出。

（二）产生巨大效益

坚强智能电网的发展，使得电网功能逐步扩展到促进能源资源优化配置、保障电力系统安全稳定运行、提供多元开放的电力服务、推动战略性新兴产业发展等多个方面。作为我国重要的能源输送和配置平台，坚强智能电网从投资建设到生产运营的全过程都将为国民经济发展、能源生产和利用、环境保护等方面带来巨大效益。

1. 在电力系统方面，可以自约系统有效装机容量；降低系统总发电燃料费用；提高电网设备利用效率，减少建设投资；提升电网输送效率，降低线损。

2. 在用电客户方面，可以实现双向互动，提供便捷服务；提高终端能源利用效率，节约电量消费；提高供电可靠性，改善电能质量。

3. 在节能与环境方面，可以提高能源利用效率，带来节能减排效益；促进清洁能源开发，实现替代减排效益；提升土地资源整体利用率，节约土地占用。

4. 其他方面，可以带动经济发展，拉动就业；保障能源供应安全；变输煤为输电，提高能源转换效率，减少交通运输压力。

（三）推进系统进步

1. 能有效地提高电力系统的安全性和供电可靠性。利用智能电网强大的"自愈"功能，可以准确、迅速地隔离故障元件，并且在较少人为干预的情况下使系统迅速恢复到正常状态，从而提高系统供电的安全性和可靠性。

2. 实现电网可持续发展。坚强智能电网建设可以促进电网技术创新，实现技术、设备、运行和管理等各个方面的提升，以适应电力市场需求，推动电网科学、可持续发展。

3. 减少有效装机容量。利用我国不同地区电力负荷特性差异大的特点，通过智能化的统一调度，获得错峰和调峰等联网效益；同时通过分时电价机制，引导用户低谷用电，减小高峰负荷，从而减少有效装机容量。

4. 降低系统发电燃料费用。建设坚强智能电网，可以满足煤电基地的集约化开发，优化我国电源布局，从而降低燃料运输成本；同时，通过降低负荷峰谷差，可提高火电机组使用效率，降低煤耗，减少发电成本。

5. 提高电网设备利用效率。首先，通过改善电力负荷曲线，降低峰谷差，提高电网设备利用效率；其次，通过发挥自我诊断能力，延长电网基础设施寿命。

6. 降低线损。以特高压输电技术为重要基础的坚强智能电网，将大大降低电能输送中的损失率；智能调度系统、灵活输电技术以及与用户的实时双向交互都可以优化潮流分布，减少线损；同时，分布式电源的建设与应用，也减少了电力远距离传输的网损。

（四）合理分配资源

我国能源资源与能源需求呈逆向分布，80% 以上的煤炭、水能和风能资源分布在西部、北部地区，而 75% 以上的能源需求集中在东部、中部地区。能源资源与能源需求分布不平衡的基本国情，要求我国必须在全国范围内实行能源资源优化配置，建设坚强智能电网，为能源资源优化配置提供了一个良好的平台。坚强智能电网建成后，将形成结构坚强的受端电网和送端电网，电力承载能力显著加强，形成"强交、强直"的特高压输电网络，实现大水电、大煤电、大核电、大规模可再生能源的跨区域、远距离、大容量、低损耗、高效率输送，显著提升电网大范围能源资源优化配置能力。

（五）推动能源发展

风能、太阳能等清洁能源的开发利用以生产电能的形式为主，建设坚强智能电网可以显著提高电网对清洁能源的接入、消纳和调节能力，有力推动清洁能源的发展。

1. 智能电网应用先进的控制技术以及储能技术，完善了清洁能源发电并网的技术标准，提高了清洁能源接纳能力。

2. 智能电网合理规划大规模清洁能源基地网架结构和送端电源结构，应用特高压、柔性输电等技术，满足了大规模清洁能源电力输送的要求。

3. 智能电网对大规模间歇性清洁能源进行合理、经济调度，提高了清洁能源生产运行的经济性。

4. 智能化的配用电设备，能够实现对分布式能源的接纳与协调控制，实现与用户的友好互动，使用户享受新能源电力带来的便利。

（六）利于节能减排

坚强智能电网建设对促进节能减排、发展低碳经济具有重要意义：

（1）支持清洁能源机组大规模入网，加快清洁能源发展，推动我国能源结构的优化调整。

（2）引导用户合理安排用电时段，降低高峰负荷。稳定火电机组出力，降低发电煤耗。

（3）促进特高压、柔性输电、经济调度等先进技术的推广和应用，降低输电损失率，提高电网运行经济性。

（4）实现电网与用户有效互动，推广智能用电技术，提高用电效率。

（5）推动电动汽车的大规模应用，促进低碳经济发展，实现减排效益。

第二节　国内外智能电网的研究现状与发展

全球资源环境压力的不断增大，对环境保护、节能减排和可持续性发展的要求日益提高同时，电力市场化进程的不断推进以及用户对电能可靠性和质量要求的不断提升，要求未来的电网必须能够提供更加安全、可靠、清洁、优质的电力供应，能够适应多种能源类型发电方式的需要，能够更加适应高度市场化的电力交易的需要，能够更加适应客户的自主选择需要。为了进一步提高庞大的电网资产利用效率和效益，提供更加优质的服务，世界各国不约而同地提出要建设灵活、清洁、安全、经济、友好的电网。

智能电网是近年来美国和欧盟相继提出的概念。它是以高级传感装置为核心，集合各种最先进的信息技术形成的高效电力自动化信息网络的统称。电能在发电厂和用户之间通过输配电网双向流动；同时，智能电网可以接入并容纳各种形式的新能源和清洁能源，如太阳能、风能、燃料电池、电动汽车等。

目前国际上已经启动智能电网的标准化研究工作。国际电工委员会标准化管理委员会组织成立的第三战略工作组——智能电网国际战略工作组，于2009年4月29—30日在法国巴黎召开了首次会议。会议的目的是系统研究现有标准，提出智能电网的标准研究框架。战略工作组已开始与IEC各专业委员会联系，首先提出亏智能电网有关的标准列表，经初步评估和分析后征集各专业委员会意见，初步建立了智能电网标准框架下面对国内外智能电网的研究现状与发展情况进行介绍。

一、国外智能电网研究现状与发展

（一）欧洲地区智能电网研究现状与发展

欧洲智能电网计划名为超级智能电网。为减少化石燃料用量和清洁能源的接入，欧洲欲建立将广域电力输送网络与智能电网结合起来的广域智能网络欧洲电力企业受到来自开放的电力市场的竞争压力，亟须提高用户满意度，争取更多用户。因此提高运营效率、降低电力价格、加强与客户互动成了欧洲智能电网建设的重点之一。

1. 欧盟

与全球其他区域主要由单一国家为主体推进智能电网建设的特点不同，欧洲智能电网的发展主要以欧盟为主导。由其制定整体目标和方向，并提供政策及资金支撑。欧洲智能电网发展的最根本出发点是推动欧洲的可持续发展，减少能源消耗及温室气体排放。围绕该出发点，欧洲的智能电网目标是支撑可再生能源以及分布式能源的灵活接入，以及向用户提供双向互动的信息交流等功能。欧盟计划在 2020 年实现清洁能源及可再生能源占其能源总消费 20% 的目标，并完成欧洲电网互通整合等核心变革内容。

欧洲智能电网的主要推进者有欧盟委员会、欧洲输电及配电运营公司、科研机构以及设备制造商，分别从政策、资金、技术、运营模式等方面推进研究试点工作，预计在 2010—2018 年，欧盟对智能电网的总投资额约为 20 亿欧元。

（1）欧盟对智能电网发展的政策支持

2006 年欧盟理事会的能源绿皮书《欧洲可持续的、竞争的和安全的电能策略》明确指出，欧洲已经进入一个新能源时代，智能电网技术是保证欧盟电网电能质量的一个关键技术和发展方向。

2009 年年初，欧盟在有关圆桌会议中进一步明确要依靠智能电网技术将北海和大西洋的海上风电、欧洲南部和北非的太阳能融入欧洲电网，以实现可再生能源大规模集成的跳跃式发展。

欧盟委员会继续积极致力于推动智能电网建设，它还号召其成员国利用信息与交流技术提高能效，应对气候变化，促进经济恢复，并强调智能电网技术可以帮助欧洲在未来 12 年内减排 15%，这将成为欧盟完成 2020 年减排目标的关键；同时，在 2011 年 4 月中旬，欧盟委员会发布了一份名为《智能电网：从创新到部署》的通报文件，在文件中确定了推动未来欧洲电网部署的政策方向。

（2）欧盟智能电网的发展现状

目前，英、法、意等国都在加快推动智能电网的应用和变革意大利电力公司是意大利国内最大的电力公司和第二大天然气运营商，为了满足电动汽车、太阳能等分布式能源接入的要求，ENEL 公司在智能电网方面开展了互动式配电能源网络及自动抄表管理系统的研究和应用工作，已率先实现了智能化。丹麦一些研究机构参与了欧盟超级智能电网框架的研究，其中由丹麦输电公司发起的 EcoGrid.dk 研究项目旨在对电力系统新构架、概念、框架和最优整合可再生能源进行更精确的确定、评估和执行。

（3）欧盟智能电网的发展趋势

为推动智能电网从创新示范阶段转向部署阶段，欧盟委员会将采取以下行动推进完善标准体系的建立：制定欧盟层面的通用技术标准，保证不同系统的兼容性（任何连接到电网的用户都可以交换和说明可用数据，以优化电力消费或生产）；向欧洲标准化组织提出了一项指令，要求其制定并发布欧洲和国际市场快速发展智能电网所需的标准体系；继续推进用户端设备，尤其是智能电表的安装工作，并进一步促进技术创新。

2. 德国

（1）德国政府对智能电网的政策支持

在德国，很少使用"智能电网"这个名词，而是使用 E-Energy，翻译过来就是"信息化能源"，为推进 E-Energy 的顺利进展，德国联邦政府经济和技术部专门开设了一个网站，用来公布信息化能源的进度，向公众宣传信息化能源建设的益处。

自 2008 年 12 月以来，德国投资 1.4 亿欧元实施"E-Energy"计划，在 6 个试点地区开发和测试智能电网的核心要素。

2011 年，自日本核危机以来，德国毅然加入"弃核"队伍，转向新能源和电动汽车，尤其是后者。今年 5 月 16 日据政府消息人士透露，德国政府拟投入 10 亿欧元补贴，以扶持电动汽车，特别是电池技术的研发

（2）德国智能电网的发展现状

针对 E-Energy 项目，德国启动了不同的示范工程，对智能电网的不同层面进行展示和研究。

在曼海姆，200 家电力用户对未来能源供应状况进行了测试，并于 2010 年年底开始使用"能源管家"，对电力消耗进行调控，以实现省钱和环保两大目标。

在库克斯港，生产型企业和地方上的用电大户积极参与示范项目。如大型冷库和游泳场如果通过风力涡轮机发电，将会节省大量电力，减轻电网负担。

在哈尔茨，新型的太阳能和风能预测系统得到应用，能对分散的可再生能源发电设备与抽水蓄能式水电站进行协调，使其效果达到最优。项目参与者认为，尽管风力发电站的数届在不断上升，但预计到 2020 年，该地区不需要再继续建新的电网。

在莱茵 - 鲁尔区，安装了 20 个微型热电联产机组。在必要的时候这些热电联产机组可用作分散的小型发电厂，并形成盈利能力。借助信息通信技术，参与实地测试的消费者可以积极参与市场活动。

在卡尔斯鲁尔和斯图加特，减少排放是示范项目的重点。1000 名用户参与了实地试验，在小范围内（工厂或家庭）对电力生产与消耗进行调控。

在亚琛，地区性的供电公司积极参与示范项目。借助智能电表，500 多家用户能够获悉他们所用电力的来源和价格，从而进行最优选择。

（3）德国智能电网的发展趋势

第一，确立发展清洁能源的长远目标。

自 2011 年日本核危机以来，德国积极响应并成功"弃核"，决定 2022 年前关闭所有核电站，成为首个"弃核"的先进工业国家，2011 年德国政府将永久关闭装机容

量总计 8.5G 瓦的 8 座核反应堆，其发电员占全年电量的 8%。

这个欧洲最大的经济体计划在 10 年中加倍扩大可再生能源比例至 35%。德国的应对办法就是大力发展清洁能源。德国从 20 世纪 90 年代开始大力开拓可再生能源，取得了骄人的成绩。截止到去年年末，德国太阳能发电、风力发电、生物质能发电、地热发电、水力发电五项可再生能源的开发利用已经贡献给全国总电力消耗的 16.8%。

第二，利用先进的储能技术大力发展太阳能和电动汽车产业。

德国在太阳能热利用和光伏发电领域处于世界领先先位。截至到 2010 年年底，德国的太阳光伏（PV）电池板装机总量达到 17300 兆瓦。相关资料表明，天气理想时全德国的太阳能和风能发电总量相当于 28 座核电站的发电总量。目前德国已大约 0.9% 的家庭使用太阳能发电装置，居民白天把屋顶太阳能光伏电（或风能发电）以较高价卖给电网，晚上平价买电使用。可以预见，未来越来越多居民将既是电能的生产者又是消费者。

另外，德国利用其在传统汽车行业的技术优势大力发展电动汽车产业，德国政府已明确表示要在未来十年内成为世界电动汽车的引领者。

第三，积极推进信息技术与能源产业的结合工作。

德国当前正在利用计算机技术调配各种可再生能源的供给，从调峰效果来看是非常理想的。

德国全境到处都建设了风力发电机组，当一个局部地区的风力不足导致风电生产下降时，电网或者自动调度其他风力充足地区的风电，或者自动增大太阳能光伏电的比例。如果遇到阴雨天气光伏电不足或夜间没有太阳能光伏电时，电网的计算机监控软件立即自动启动当地的生物质能发电，确保居民时刻有电可用。

3. 法国

（1）法国对智能电网的政策支持

法国是能源资源相对匮乏的国家，石油和天然气储量有限，煤炭资源已趋于枯竭。鼓励发展可再生能源及智能电网，提高可再生能源在能源消耗总量中的比例，已成为法国政府在制定相关政策时优先考虑的问题。同时，法国政府还通过征收二氧化碳排放税以及承诺投入 4 亿欧元资金用于研发清洁能源汽车等措施来促进其智能电网建设工作的开展。

（2）法国智能电网的发展现状

加强企业合作。法国电网公司（RTE）选择和阿海法（AREVA）旗下的输配电公司 T&D 合作发展智能电网。根据法国能源监管条例要求，用户可每周或每月向 RTE 广解用电数量，也可通过远程访问的方式直接读取计量数据，为此，RTE 开展了广泛的表计及相关业务处理工作，开发了 T2000 系统，设立了 7 个远程读表中心，主要包括表计、结算及出单（发票）等功能。远程读表中心将数据汇总到总部表计及结算系统（1SUMetering），进行相关结算以及出单处理。随着 T2000 的应用，错误率逐年下降，实时出单的比例逐年上升，提高了效率，减少了纠纷。2008 年 RTE 公司实时出单率已经达到 99.0%。

更换智能电表。法国配电公司 ERDF 将逐步把居民目前使用的普通电表全部更换成智能电表。这种节能型的智能电表能使用户跟踪自己的用电情况，并能远程控制电能消耗量，更换工程的总投资为 40 亿欧元。

（3）法国智能电网的发展趋势

继续推进以智能电表为核心的用户端技术服务，按照欧盟委员会的要求积极推进智能电表的普及工作；加强储能技术的研究；并通过 EDF 公司注重与中国的合作；在谨慎发展核电的基础上大力发展清洁能源。

4. 荷兰

2009 年 6 月 8 日，荷兰首都阿姆斯特丹宣布选择埃森哲公司帮助其完成第一个欧洲"智能城市"计划。该计划包括可再生能源、消减 CO_2 的排放量等内容。阿姆斯特丹智能城市的建设前期由以下四个主题组成：可持续性生活、可持续性工作、可持续性交通、可持续性公共空间、可持续性公共空间。

（1）可持续性生活：West Orange 项目和 Geuzenveld 项目

阿姆斯特丹是荷兰城大的城市，总共 40 多万户家庭，占据了全国二氧化碳排放量的三分之一。通过节能智意化技术，二氧化碳排放量和能量消耗可以得到很大程度的降低

Geuzenveld 项目的主要内容是为超过 700 多户家庭安装智慧电表和能源反馈显示设备，促进居民更关心自家的能源使用情况，学会确立家庭节能方案。

West Orangc 项目中，500 户家庭将试验性地安装使用一种新型能源管理系统，目的是节省 14% 的能源，同时减少等量的二氧化碳排放。通过这一系统，居民可以在某一间房间了解整个屋子的能源使用量，甚至每一件家用电器的用电量。

（2）可持续性工作：智能大厦项目

阿姆斯特丹全城汇集了许多大大小小的公司。ITO Tower 大原是智能大厦项目的试验性、示范性工程，总面积 38000 平方米。智能大厦的概念就是在未给大厦的办公和住宿功能带来负面影响的前提下，将能源消耗减小到最低程度。在大楼的能源使用的具体数据分析的基础上，电力系统更有效地运行。另外，一些新型可持续性系统的安装，传感器记录能源消耗量，保证照明系统、制热制冷系统和保安系统的低能耗正常运行。

（3）可持续性交通：Energy Dock 项目

阿姆斯特丹的移动交通工具，包括从轿车、公共汽车、卡车到游船，其二氧化碳排放量占据整个阿姆斯特丹的三分之一。该项目，通过在阿姆斯特丹港口的 73 个靠岸电站中配备了 154 个电源接入口，便于游船与货船充电，利用清洁能源发电取代原先污染较大的燃油发动机。在具体操作过程中，船长通过电话输入个人账号，可以与靠岸电站取得连接，收费则自动从船舶账号上扣除。

（4）可持续性公共空间：气候街道

2009 年 6 月 5 日，气候街道项目启动，整个项目涉及三个方面：利用电动汽车搬运垃圾，货物集中运送至一个中心点，随后由电动汽车转送到各家商户。

"智能城市"计划最初只有四大行动计划。2011 年增加至五大领域，包括数字监控设施的市政办公楼建设、太阳能共享计划、智能游泳池计划、智能家用充电器、商务办公区域全面使用太阳能节能计划，五大行动最终目标是将荷兰阿姆斯特丹建设成为一个真正的节能绿色智慧城市。

5. 英国

（1）英国政府对智能电网的政策支持

为落实 2009 年出台的《英国低碳转型计划》国家战略，2009 年 12 月初，英国政府首次提出要大力推进智能电网的建设，同期发布《智能电网：机遇》报告，并于2010 年年初出台详细智能电网建设计划。英国煤气电力市场办公室从 2010 年 4 月起五年内共动用 5 亿英镑进行加大规模的实验，英国政府也正在支持一些领域的匹配性发展，其中包括投资 3000 万英镑的"插入场"框架，支持电动汽车充电底础设施建设。

（2）英国智能电网的发展现状

英国目前已经或即将开展的工作如下：①加大力度安装智能电表。据英国能源和气候变化部透露，2020 年前，英国家庭正在使用的 4700 万个普通电表将被智能电表全面替代。这一升级工程预计耗资 86 亿英镑，在未来 20 年或可因此受益 146 亿英镑。②组建智能电网示范基金。英国在 2009 年 10 月和 2010 年 11 月分别为智能电表技术投入 600 万英镑科研资金，资助比例最高可达项口总成本的 25%。此外，英国煤气电力市场办公室还将提供 5 亿英镑，协助相关机构开展智能电网试点工作。③规范智能电网产业运作模式。智能电网将由政府全权负责，智能电表则按市场化经营，但所有供应商必须取得政府颁发的营业执照。

（3）英国智能电网的发展趋势

英国已制定出"2050 年智能电网线路图"，并开始加大投资力度，支持智能电网技术的研究和示范，之后的工作将严格按照路线图执行。

在第一阶段（2010—2020 年），英国准备大规模投资以满足近期需要，并建立未来可选方案。具体内容就是进一步加强智能电表的研究和部署工作，通过智能计量系统对各地区的需求进行积极响应，以达到促进需求侧发展、系统优化、资金规划和固定资产管理的目的。

近期英国准备扩大现有的基础设施和继续推进试点工程建设，争取早日完善智能电表的部署工作，为以后大规模的研发提供方案和数据支持。

第二阶段（2020—2050 年），目的是要提供到 2050 年后各种电力系统选择方案的基本依据。具体内容就是大力发展分布式能源和清洁能源，同时增加智能家居、智能家庭、嵌入式储存和分布发电以及虚拟电池的应用，并通过智能设计和强化电压设计等提高整个电网的自动化、智能化和控制力。

6. 意大利

（1）意大利政府对智能电网的政策支持及发展现状

为了达到在 2020 年，总能源消耗量减少 20% 的目标，意大利特别重视节能应用以及智能电网的相关建设，通过历时 5 年（自 2005 年起）的持续建设，意大利已经将智能电表（AMI）的全国覆盖率提升至 85% 以上，成为目前全球智能表计覆盖比率最高的国家。

为满足电动汽车、太阳能接入的要求，意大利在智能电网方面还积极开展了互动式配电能源网络及自动抄表管理系统的研究与应用工作，有多国参加的 ADDRESS 项目是其重点研究项目之一，目的是开发互动式配电能源网络。

（2）意大利智能电网的发展趋势

继续开发互动式配电能源网络；放弃核能；电点推进电动汽车和太阳能接入并网的相关工作和用户侧的数据利用工作。

7. 西班牙

（1）西班牙政府对智能电网的政策支持

2007 年 8 月，西班牙政府出台法律，要求到 2014 年所有电网运营商都必须采用自动抄表管理系统，到 2018 年，国内所有电表都要更换为智能电表

（2）西班牙智能电网的发展现状

智能电表。西班牙电力公司（ENDESA）负责开展自动抄表工作，目前电表更换计划已启动，已有 1 万只智能电表进行示范安装。

智能城市建设在西班牙南部城市 Puerto Real · ENDESA 公司与当地政府合作开展智能城市项目试点，主要包含智能发电（分布式发电）、智能化电力交易、智能化电网、智能化计量、智能化家庭项目投资 3150 万欧元。当地政府出资 25%，于 2009 年 4 月启动，计划用 4 年时间完成智能城市建设，项目涉及 9000 个用户、1 个变电站以及 5 条中压线路、65 个传输线中心。

（3）西班牙智能电网的发展趋势

在用电侧继续推进智能电表的安装工作，为智能城市的建设提供保障；清洁能源的发展垂点是风电，具体是通过实行"双轨制"。即固定电价和溢价机制相结合的方式，在保证基本收益的前提下，继续鼓励风电场积极参与电力市场竞争，保证风电在西班牙电力中占 30% 的比重。

8. 丹麦

（1）丹麦政府对智能电网的政策支持及发展现状

丹麦是世界可再生能源发展最快的国家之一，可再生能源比例从 198（ ）年 3% 的比例跃升到如今的 70%。丹麦根据本国特点，主要推行风力发电以及风电设备的制造，其中风力发电占全国总发电量的近 20%，预计到 2025 年可达到 50%，因此，将电网打造成世界最先进的、能够适应大规模可再生能源的电网成为丹麦的重要目标，为此丹麦已经开展一系列工作。

安装智能电表。2009 年 5 月，丹麦电力公司 SEAS-NVE 开始为洛兰岛家庭安装智能电表，计划到 2011 年为该岛所有家庭（约 35 万户）安装完毕。

开展智能电网实证实验。2009 年 12 月，SEAS-NVE 与松下共同启动了智能电网实证实验。实验使用 SEAS-NVE 的智能电表和松下的住宅网络系统"Lifinily"，分两个阶段进行：第 1 阶段实现用电量的"可视化"及照明器具的远距离控制；第 2 阶段对暖气设备进行控制，并使用燃料电池及蓄电池等。

成立研究集团。考虑到未来几年丹麦电动或混合动力汽车比例将超过 10%。也动汽车需要智能技术以控制充电与计费，并保障整个能源系统的稳定，丹麦 DONG 能源公司（丹麦最大的能源公司）、地区能源公司 Oestkraft、丹麦技术大学、西门子、EUriSCO 和丹麦能源协会共同发起成立了 EDISON 研究集团，以发展大规模电动汽车智能基础设施，其部分经费由丹麦政府资助。EDISON 集团计划第一步研发智能技术，并在丹麦博恩霍尔姆岛（Bomholm）运行。该岛上有 4 万居民，风能占很大比例，实验将研究当电动车辆数量增加时电网如何发挥作用，该研究以模拟为基础，不会影响岛上的供应安全，研发的智能电网技术也可应用在其他分布式电源方面。

（2）丹麦智能电网的发展趋势

将继续推进以智能电发为重要内容的用户侧研究，并以此为延长积极推进智能电网在发、输、变、配等环节的应用；发展重点或是电动汽车的充电站相关研究；继续发挥丹麦的风电优势，推进风电的并网研究。

9. 小结

以欧盟为代表的欧洲发展智能电网的考虑不同于美国的"利益"考量，其更多的是出于对新能源、低碳和可持续发展的考虑，以分布式能源和可再生能源的大规模利用为主要目标，同时注需能源效率的改善和提高。欧盟作为欧洲各国部署智能电网的一个重要机构，其在从标准到制定到技术研发等诸多领域扮演着追赶美国的"后发者"角色。

欧洲各国，以英法德为重要代表，在基于本国实际情况的基础之上，灵活的按照欧盟委员会的安排积极部署智能电网建设各国的情况各不相同，但各国技术优势的潜在"聚合"发展，将很有可能完成"后发而先至"的华丽转身。

（二）北美地区智能电网研究现状与发展

北美地区的智能电网建设工作主要集中在美国与加拿大。两国智能电网建设工作的相同点是均起步于安装智能电表，不同的是。美国智能也网建设注重于提升其电网的可靠性及用电效率，而加拿大由于可再生能源比较丰富，如何提升电网对大规模可再生能源的接入能力与传输能力则成为其智能电网建设的重点。

1. 美国

为升级日益老化的电网，并在提升电网可靠性和安全性的同时提高用电侧的用电效率、降低用电成本，美国于 21 世纪初提出了智能也网的概念。迄今，美国智能电网建设从理论研究到实践探索都积累了丰富的经验

（1）美国政府提供的政策支持包括整体规划、出台法律、成立专门机构等。

美国政府自 2003 年开始出台一系列包括规划、经济法案、输电规划路线图等宏观规划，这些政策为智能电网的产业发展提供了科学的规划和严谨的法律支持。这其中包括《电网 2030 规划》《建设电网 2030 的路线图》《能源政策法》、国家输电技术路线图、《能源独立与安全法案 2007》《复苏与再投资法案》《能源独立安全法》以及奥巴马政府施政计划等。

为推进智能电网的建设，美国政府还积极探索组建智能电网相关机构，其中包括：能源部建立了一个专门致力于智能电网领域研究的咨询委员会，用于为政策制定提供咨询建议。能源部还建立了一个智能电网特别行动小组，其主要任务是确保、协调和整合联邦政府内各机构在智能电网技术、实践和服务方面的各项活动。该小组在2008—2020 年间通过政府的资金资助维持有效运转。

在直接投资及财政补贴政策方面，2009 年 2 月，奥巴马政府成立之后不久即获通过的《美国复苏与再投资法》推出 7870 亿美元的经济刺激计划，其中有 45 亿美元专门用于扶持智能电网的发展;除了直接投资之外，美国政府还出台了购买太阳能光伏系统、电动汽车以及建筑节能改建的补贴与减免税等一系列智能电网相关的财政补贴政策。

另外，基础研究方面也有来自美国政府的强有力扶持。例如，美国国家可再生能源实验室（NREL）与俄亥俄州的巴特尔研究院等都在美国政府的支持下对智能电网项目进行着大规模研发。

（2）美国智能电网的发展现状

智能电网互操作性和安全性等方面 75 项标准的出台：以美国商务部下属的国家

标准技术研究院（NIST）为主，研究了智能电网的互操作性与网络安全等各项技术标准，目前为止已经提出75项标准，包括《智能电网互操作标准》《可再生能源配额标准》等。其中25项已经于2010年1月确定。这25项标准包括了智能电表与家用电器可进行双向无线通信的ZigBce技术的智能能源规范；此外，2010年9月2日还公布了《网络安全指南（初版）》。至今，美国国家标准技术研究院的智能电网标准化制定工作仍在持续推进中。

智能电网用户侧相关需求响应程序得到迅速发展：美国联邦能源管理委员会（FERC）2008年做的关于需求响应（DR）和自动计量设施（AMI）的调查表明：高级计量设备的使用率为总电表数的4.7%（这一数字在2006年还不到1%），而目前全美有8%的用户参与到了需求响应程序中。借助各种州际立法鼓励措施和电厂政策规定，需求响应程序将会继续得到普及。关于需求响应的巨大潜力，可以在美国联邦能源管理委员会2009年6月所做的《关于需求响应潜力的全国评估一员工报告》和2010年6月所做的《关于需求响应的全国行动计划书》中得以体现。

IT企业与高科技企业纷纷参与智能电网的建设：智能电网建设项目的主力军表面上是电力公司或者地方政府，但是，实际主导"智能化"的却是在世界各地拥有众多分支机构的大型IT企业以及在特定领域内拥有核心技术的高科技企业。这些美国企业或机构无一不拥有强大的全球业务分布。

这些IT企业和高科技企业包括思科、英特尔、谷歌、IBM和微软等，它们都希望从这一未来最具商业前景的领域分得一杯羹，从全球百万亿美元的市场潜质看，智能电网可与互联网相媲美，它是加快电动汽车和充电式混合动力电动汽车应用部署过程中的必要基础设施。此外，由于用户会对设备供应商所提供的服务做出回馈，他们很可能成为未来智能电网技术市场塑性过程中的驱动力量。

智能电网的相关风险投资持续增加：风险投资也适时地进入了智能电网领域，旨在为自动计量设备（AMI）领域、通信和网络技术领域等带来更多、更集中的技术创新。目前已有多达10亿美元风险投资基金拨发给以Grid Poirlt公司和银泉网络公司等为代表的新兴关键公司。

以美国银泉网络公司为例。成立于2002年的这家公司主要为电力公司提供面向智能电网的高级电表架构（AMI）搭建与运用的解决方案。该公司具有美国硅谷的GoogIe风险投资公司与全球首屈一指的顶级风险投资机构美国凯鹏华盈（KPCB）公司等多个大型投资公司的股份。以电科院为主的研究机构积极推进投资路线图的制定工作：为了优化未来的投资策略，许多电厂都制定了关于智能电网的路线图，但是每个公司的目标和起点却不尽相同，最优路线也很难实现。为此，美国电科院联合美国SCE公司、第一能源公司（FirstEnergy）、SRP公司以及其他公司一起制定了一个智能电网投资的路线图。

（3）美国智能电网的发展趋势

2011 年 4 月 7 日，美国电科院在对其 2007 年的报告进行更新的基础上，形成了《智能电网成本与收益评估报告》。该报告进一步商定了建设功能完备的智能电网所需投资水平的基本框架，并在此基础上阐述和分析美国智能电网发展必须解决的问题以及未来的发展趋势。现将该报告对美国智能电网未来发展趋势的研究成果概括如下：

美国电科院会进一步明确投入和收益。该报告估算，美国全面落实现代化电力系统和智能电网的花费在 3380 亿美元到 4760 亿美元之间，而收益将达到 13000 亿美元到 20000 亿美元，但这只是对基本框架的测算，并不是对包括增强输电系统属性和成本的明确分析，因此需要进一步明确投入和收益，以打消投资者的顾虑。

下一步智能电网发展的重点是配电侧，在报告中电科院研究人员提到，"刨除用于发电的成本、为满足可再生能源及负荷增加而进行的输电设施扩张成本、以及智能电网配套家居设备的客户成本外，这些投资成本将主要用于建设接入分布式电源和全面普及客户端接入的基础设施，会继续加大输电系统和变电站的成本投入。概括而言就是在输电线路的稳定性和高效性方面继续加大投资，具体就是：输电系统的投入主要包括输电线路传感器，包括动态热容等级（DTCR）；用于整售输电服务的储能；灵活交流输电系统（FACTS）设备和高压直流（HVDC）终端；短路电流限制器；支持输电线路和变电站的通信基础设施；IT 专用关键变电基础设施；网络安全；智能电子设备（1ED）；用于大范围监控的相量测显技术等。

继续关注智能电网用户方面。用户侧的关注范围也将继续延伸，不仅包括用户能源管理系统门户和面板、家庭用电显示器等能效管理设备，也包括住宅储能、工业商业储能等大规模储能设备和系统。

2. 加拿大

加拿大智能电网建设还处于起步阶段。由于其电力管理体制为分省管理，所以目前暂无全国性的智能电网规划，而其全国智能电网建设的协调工作由加拿大国家自然资源署承担。截至 2010 年 5 月，加拿大共有 70 个智能电网项目处于建设或规划阶段。项目主要涵盖智能电表、需求响应、辅助服务、电网自动化和电网监控 5 种类型。

（1）加拿大对智能电网的政策支持

加拿大电力工业采用分省管理制，各省电网自成系统进行调度运行，而跨国电力问题则由加拿大政府统一处理。其中，国际输电线路的架设须得到国家能源委员会批准。国家能源委员会是一个独立的联邦机构，通过自然资源部部长向国会报告其工作进展状况。各省的能源委员会负责颁发其权限范围内的能源管理条例，如安大略省能源委员会与独立市场经营商、加拿大和美国的其他机构密切合作来控制该省的电力市场，建立和执行发电企业、输电企业和用电企业公平、公开的管理制度。

（2）加拿大智能电网的发展现状

目前，加拿大尚未形成全国统一的电网，其现有电网分为两大部分：西部电网采用 500kV 和 138kV 的联络线将不列颠哥伦比亚省和阿尔伯达两省的各电网连接起来；中东部地区采用了 115kV 和 735kV 联络线将萨斯喀切温、马尼托巴、安大略、魁北克和纽芬兰等地区电网连接起来。此外，加拿大与美国有联网运行、交换电力的协议。加拿大 6 个省与美国 10 个州间已建有输电线路，输送能力在 1890 万 kW 以上。

目前，加拿大安大略省和加利福尼亚省引领着加拿大乃至整个北美的智能电网发展。加拿大两个最大的风电场坐落在安大略省，安大略省 40 个亿的可再生能源项目投资已经投产或正在进行中。

（3）加拿大智能电网的发展趋势

继续推进智能电网建设，加强各省可再生能源入网能力和电力传输能力已经成为加拿大电力系统下，一步的发展重点。目前，加拿大不列颠哥伦比亚省和阿尔伯塔省已经开始效仿安大略省做法，着力于智能电表的安装以及可再生能源项目的推广。

（三）亚太地区智能电网研究现状与发展

亚太地区国家众多，各国社会经济发展情况相异，电力工业发展现状差异明显，因此各国智能电网建设特点和方向有所不同。发展中国家如中国的特点是结合电网大规模建设、升级、改造工作，全方位推进智能电网建设；发达国家如日本、韩国、澳大利亚的特点是在现有网架基础上，在特定环节重点投入。

1. 日本

（1）日本政府对智能电网的政策支持

日本政府主导该国智能电网的整体规划、对外合作和制定标准等，为智能电网的持续发展奠定基础。具体工作如下：由日本政府主导，日美间已合作开展了"智能电网"试验；日本政府于 2010 年开始了在孤岛的大规模构建智能电网试验，主要验证在大规模利用太阳能发电的情况下，如何统一控制剩余电力、频率波动以及蓄电池等问题；日本经产省设立"智能电网国际标准学习会"，为谋取"智能电网国际标准"话语权做准备；日本经产省还在 2010 年度预算申请中列入 55 亿日元（约 4 亿元人民币）用以支持研发智能电表和蓄电池技术，并进行新一代智能电网系统的实证试验。

（2）日本智能电网的发展现状

日本电网基础设施相对完善，从发电站到各配电网都具有现成的传感器网络与通信网络，可以监控电力情况，已经具备很高通信功能，且一直在维护并增强这方面功能。日本国内各方面的发展情况表现在以下几个层面。

企业层面：日本九州电力与冲绳电力将在九州及冲绳的岛屿地区，对利用太阳能等可再生能源的"岛屿微电网"进行验证试验，两家公司将利用日本能源厅的"孤立岛屿电力系统引入新能源补助金"，导入太阳能发电以及使用锂离子充电电池的蓄电池设备，对电力系统与可再生能源的联动进行验证。日本日立制铁所与东芝公司等设备制造企业已进军美国智能电网市场，与美国国内十多家企业联手，在美国南部研发太阳能发电高效控制系统。

行业层面：日本电气事业联合会发表了"日本版智能电网开发计划"，以2020年为目标，着重开发太阳能发电输出预测与蓄电池系统。在该机构敦促下，日本的十大电力企业正在共同实施太阳能发电数据测算与分析工作，开展蓄电池与太阳能相组合的小规模电源试验。

研究机构层面：2009年3月，东京工业大学成立"综合研究院"，智能电网是其主要研究任务之一；2009年7月，日本电力中央研究所设立了"智能电网研究会"；自2010年开始，日本东京电力、东京工业大学、东芝公司和日文制铁所等单位将在东京工业大学校园内联合开展日本智能电网示范工程试验，试验期为一年，一方面利用家用太阳能电池板供电，另一方面将剩余的电收储存在蓄电池中并转卖给电力企业。

（3）日本智能电网的发展趋势

继续围绕太阳能发电建设智能电网。日本智能电网开发计划的核心是开发"与太阳能发电时代相应的输电网，包括太阳能发电输出功率预测系统、高性能蓄电池系统和火力发电与蓄电池相组合的供需控制系统。

蓄电池技术是智能电网发展重点。因日本单门独户的建筑比较多，家庭为单位的太阳能发电的模式因此也成为重要选择，在这种背景下，日本计划在各建筑物内分别设置蓄电池，这样就可以在建筑物内部完成负荷控制，从而实现能源利用最优化，同时，起源于汽车行业的储能技术发展也使得这种做法具有了现实可能性。

2. 韩国

（1）韩国政府对智能电网的政策支持

2009年3月，韩国政府计划在2011年前建立一个智能电网综合性试点项目，届时将提高该国利用可再生能源能力。

韩国知识经济部决定2009—2012年将投入2547亿韩元开发智能电网商用化技术。在发电站、输电设备和家电产品上安装传感器，称为"绿色电力IT"项目。其主要技术包括智能型能源管理系统、基于IT的大容量电力输送控制系统、智能型输电网络监视及运营系统、能动型远程信息处理和电力设备状态监视系统和电缆通信技术等。

韩国知巩经济部已与韩国KDN公司签署了绿色电力信息商用化技术开发协议。

2009年8月3日，韩国政府拟推行浮动电费收取制度，即电费依据电力需求情况，各时间段电费收费标准不同。现行电费收取制度对经济发展和搞活市场形成一定的阻碍。浮动收费制度虽增加了电费的不确定性，但促进广大消费者合理使用，并对供电商和消费者双方提供了诸多便利。电力需求上涨时，电费随之提高，在节电省耗的同时，减轻供电商对新发电设备的投资。

2010 年 1 月，韩国知识经济部为推动低碳能源发展进程，制订了"智能电网"路线图。路线图计划至 2030 年投资 27.5 万亿韩元（1656 亿人民币）用于智能电网建设，其中政府和企业各投资 2.7 万亿韩元和 24.8 万亿韩元。政府投资用于支持智能电网核心技术研发、开拓市场，内容包括：至 2011 年在示范城市建设 200 个电动汽车充电站，至 2030 年在机关、大型超市、停车场和加油站设立 27000 个电动汽车充电站。上述目标完成后，可减少排放温室气体 2.3 亿吨，拉动 74 万亿韩元内需，每年创造 5 万个就业岗位。

（2）韩国智能电网的发展现状

目前，韩国的电力结构分配为 38% 煤电、37% 核电、18% 天然气发电和 6% 石油发电，只有 1% 为可再生资源发电（绝大多数为水电）。

在济州岛开展大规模的智能电网实验：

实验设施的建设始于 2009 年 8 月，计划在 2011 年 5 月结束。继而，6 月正式进入实验阶段，预定在 2013 年完成实验。之所以选择在济州岛进行智能电网实验是因为济州岛自古以来以"强风"著称。为此，这里建有许多巨大的风力发电机。同时，被称为"韩国夏威夷"的济州岛日照也午常强，适于太阳能发电。因此，实验的电力大多由这些自然能源来供给。

采用 IHD 与智能电表等的智能住宅实验计划向济州岛南部地区的普通家庭扩展，计划最终将增加到 6000 多个家庭。参与实验的普通家庭的屋顶设置有太阳能面板，能够进行家庭发电，同时来自韩国电力公司的电力供给基本上来向风力发电开展智能电网领域国际合作。

（3）韩国智能电网的发展趋势

充分利用韩国的 IT 技术优势，发展可再生能源。建设智能电网，具体而言就是：继续推进各种试点建设，并大力发展电力 IT 技术。其主要包括智能型能源管理系统、基于 IT 的大容量电力输送控制系统、智能型送电网络监视及运营系统、能动型远程信息处理和电力设备状态监视系统、电线通信普及技术等。继续注重太阳能和风电的并网技术研究，为韩国的智能电网建设奠定基础。

二、国内智能电网研究现状与发展

国内开展智能电网的体系性研究虽然稍晚，但在智能电网相关技术领域开展了大量的研究和实践在输电领域；多项研究应用达到国际先进水平。在配用电领域，智能化应用研究也正在积极探索 2007 年，华东电网公司启动了高级调度中心、统一信息平台等智能电网试点工程。目前，先行开展的高级调度中心项目一期工作已通过验收。上海市电力公司在 2008 年开展了智能配电网研究，重点关注智能表计、配电自动化以及用户互动等方面。此外，华北电网公司也于 2008 年启动了数字电表等用户侧的智能电网相关实践。2009 年 5 月 21 日，国家电网公司在 2009 年特高压输电技术国际会议上宣布了建设中国坚强智能电网的发展战略，明确提出：以特高压电网为骨干网架、各级电网协调发展的坚强电网为基础，利用先进的通信、信息和控制等技术，构建以信息化、自动化、数字化、互动化为特征的国际领先、自主创新、中国特色的坚强智能电网；通过电力流、信息流、业务流的高度一体化融合，实现多元化电源和不同特征电力用户的灵活接入和方便使用，极大提高电网的资源优化配置能力，大幅提升电网的服务能力，带动电力行业及其他产业的技术升级，满足我国经济社会全面、协调、可持续发展的要求。

结合国际电网技术发展方向和我国电网发展特点，国家电网公司重点组织开展了新型能源接入、特高压输电、大电网运行控制、数字化变电站与数字化电网、灵活交直流输电及储能、电网防灾减灾与城乡电网安全可靠供电、电网环保与节能等方面的研究，培育出一批具有国际先进水平、引领电网发展的科技成果，在特高压输电技术、电网广域监测分析保护控制技术、电网频率质量控制技术、稳态 / 暂态 / 动态三位一体安全防御技术和自动电压控制技术等方面处于国际领先地位。

此外，我国还大力推进特高压电网、"SG186" 工程、一体化调度支持系统、资产全寿命周期管理、电力用户用电信息采集系统和电力通信等建设，打造坚强电网，强化优质服务，为智能电网建设奠定了扎实的基础。目前，1000kV 交流输变电工程（晋东南—南阳—荆门特高压交流试验示范工程）已正式投入运行，特高压系统和设备运行平稳，全面验证了特高压交流输电的技术可行性、设备可靠性、系统安全性、设计和施工方案的先进性以及环境的友好性，实现了我国在远距离、大容量、低损耗的特高压核心技术和设备国产化上的重大突破。以宽带网络为主要标志的电网信息及础设施已具规模，骨干网络覆盖全部网省公司，基于同步数字体系（SDH）光传输网的电力统一时间系统取得重大突破。数据交换体系建设加快，实现了统计数据等关键信息的及时上报、自动汇总和动态发布，各种生产自动化系统获得广泛应用，大大提高了生产自动化水平。自主研发的能量管理系统（EMS）等在省级以上调度机构得到了广泛应用，全部地区级以上电力调度机构均配置了电网调度自动化系统。引入智能计费系统和广域测量系统，新规则下的电力市场交易技术支持系统正在建设之中。变电站实现了计算机监控和无人、少人值守，地理信息系统（GIS）已开始应用于输电、变电和配电管理等业务。以提高信息化水平和生产效率为目标的生产运营管理信息系统，如电网生产运行管理系统、设备检修管理、变电站建设视频监控系统等，在电网生产管理业务方面发挥了重要作用；以提高经济效益、优质服务为中心的电力客户服务系统，如集中抄表计费、用电查询等系统，直接提供了高效快捷的客户服务。电力负荷管理、电力营销管理等现代化管理手段得以广泛应用。

综上所述，以数字化、自动化为特征的各类应用已覆盖了电网规划、设计、建设、运行、调度和维护等各个方面，信息技术的应用领域深入到电网生产运行、经营和管理的各个环节，取得了诸多标志性成果。但是，现有电网生产各应用系统都是基于本业务或本部门的需求，存在不同的平台、不同的应用系统、不同的数据格式，难以从整个电网公司生产全流程的角度来考虑数据的使用，这导致电力公司内部不同的系统信息资源分散，横向不能共享，上下级间纵向贯通困难。这些系统虽然有丰富的

信息资源，却形成了以纵向层次多、横向系统多为主要特征的"信息孤岛"。就厂站端的应用系统来说，存在着规约繁杂、信息承载率低、信息不完整、信息杂乱、系统联调复杂、数据采集资源重复浪费等问题，目前还有一些生产所需信息没有纳入计算机应用系统。电力企业的生产自动化系统与管理信息系统处于相互分离状态，彼此不能有效结合，不能实现管控一体化。数据信息不能集成共享，不利于实现电网企业的综合管理。在数字化变电站的建设方面，目前国内还没有形成统一的体系结构，对数字化一次设备的计量、检验及验证也缺乏统一的标准。迫切需要制订相关技术标准来规范数字化变电站的建设和数字化一次设备的入网试验、计量检验和验证。

（一）我国电能电网行业发展情况分析

我国电力系统由发电厂、送变电线路、供配电所和用电等环节组成。其中发电厂是将一次能源通过发电动力装置转化成电能，再经过中间环节输电、变电和配电将电能供应给用户。近年来，随着我国经济的稳步发展，每年社会用电量均保持增长。随着我国城镇化以及家庭电气化水平的逐步提高，居民生活用电量呈现出稳步增长的态势。

考虑到电力建设投资规模的不断提高，用电需求的不断扩大，为进一步优化资源配置，提高供电效率，2009年5月，国网公司坚强智能电网研究工作组编制了《自主创新、国际领先坚强智能电网综合研究报告》，首次提出智能电网概念，全面建成坚强智能电网，技术和装备全面达到国际领先水平。

智能电网不同于传统电力系统，是以特高压电网为骨干网架，利用先进的通信、信息和控制技术，构建以信息化、自动化、数字化、互动化为特征的统一的坚强智能化电网，以实现电网管理信息化和精益化，从而更好地实现电网安全、可靠、经济、高效运行。

根据国网公司2010年3月发布的《国家电网智能化规划总报告（修订稿）》，

2009 年至 2020 年国家电网计划总投资 3.45 万亿元，智能化投资 3841 亿元，占电网总投资的 11.13%。《国家电网智能化规划总报告（修订稿）》将"坚强智能电网"的建设计划划分为三个阶段，其中 2016 年至 2020 年为引领提升阶段，总投资 1.4 万亿元，该阶段重点是基本建成坚强智能电网，使电网的资源配置能力、安全水平、运行效率以及电网与电源、用户之间的互动性显著提高。

"十三五"以来，我国智能电网发展迅速，以电网全景实时数据采集、传输和存储，海量多源数据快速分析处理为主的大数据运用在智能电网建设中的重要性日趋显现，此外，传统的电力运维及管理模式已不能适应智能电网快速发展的需求。因此，将机器人技术与电力技术融合，通过智能机器人对输电线路、变电站/换流站、配电站（所）及电缆通道实现全面的无人化运维检测已经成为我国智能电网的发展趋势。

（二）我国智能电网行业的主要发展趋势

1. 电力行业发展趋势

我国电力行业发展主要呈现以下趋势。

（1）智能电网是电力行业发展的必然趋势

近年来，随着各种新技术的进一步发展，通信、计算机、自动化等技术在电网中得到广泛应用，并与传统电力技术相互融合，大幅提升了电网的智能化水平。其中传感器技术与信息技术在电网中的应用，为系统状态分析和辅助决策提供了技术支持；调度技术、自动化技术和柔性输电技术的成熟发展，为可再生能源和分布式电源的开发利用提供了基本保障；通信网络的完善和用户信息采集技术的推广应用，促进了电网与用户的双向互动。上述技术的不断创新，使得智能电网逐渐成为电力行业的主要发展趋势。

（2）电力设备朝安全性、智能化、科技化方向发展

"安全第一"始终是电力行业发展的基本要求，随着我国电网结构日趋复杂，在地震、台风、泥石流等各类自然灾害频发情况下，全国发电设备、输变电设施、IK 流输电系统、用户供电设备的安全性和运行稳定性越来越重要；落后的电力设备以及传统的人工作业模式，不但违背智能电网的要求，还存在重大安全隐患。随着电力科技创新在智能电网中不断取得重大突破以及机器人技术在电力行业的应用，未来我国电力系统将在输电、变电、配电等环节全面实施智能化改造行动。先进电力设备的引进、智能化电力机器人的普及，以及科技化的数据采集与处理、巡检、运维等一站式服务的集成，将构建以信息化、自动化、数字化、互动化为特征的统一的坚强智能化电网，以实现电网管理信息化和精益化，从而可以更好地实现电网安全、可靠、经济、高效运行。

（3）智能电网有利于提升能源资源配置

我国能源资源与能源需求长期呈逆向分布，根据统计，我国 80% 以上的煤炭、水

能和风能资源分布在西部、北部地区，而 75% 以上的能源需求集中在东部、中部地区，能源资源与能源需求分布不平衡促使我国要在全国范围内实行能源资源优化配生，而建设智能电网为此提供了一个良好的平台。智能电网建成后，将形成结构坚强的受端电网和送端电网，电力承载能力将显著加强，形成"强交、强直"的特高压输电网络，实现能源的跨区域、远距离、大容量、低损耗、高效率输送，从而提升电网大范围能源资源优化配置能力。

2. 电力智能巡检机器人行业发展趋势

（1）机器人平台化趋势日趋明显

作为电力智能巡检机器人系统的重要载体，机器人本体通过搭载实现巡检功能的传感器在特定工作环境下自主运行。完成软件系统的数据融合与分析、通信传输、接口规范、应用对接、专家系统等功能，随着包括室外机器人、室内机器人、隧道机器人以及无人机等在电力行业应用的不断拓展，机器人产品不断趋于成熟，主要体现在以下几个方面。

①机器人应用场景以及结构功能趋于一致：随着国家电网公司、南方电网公司精益管理的不断推进，架空输电线路、变电站、配电站、电缆隧道等需要机器人应用的场合规范性、一致性不断提升，且自动化程度越来越高，因此，机器人的硬件结构、传感器、防护等级、设计规范等要求趋于统一；同时，机器人硬件基本由感知、控制、驱动等部分构成，这样有利 F 用户及行业标准化的制定，也便于产业链形成以及行业管理。

②机器人软件核心功能趋于标准化：随着机器人应用的不断成熟，机器人核心功能的量化及应用为电力运维工作带来了重大变化，目前电力巡检机器人的核心功能包括环境感知、视觉识别、红外测温、音频检测、安防监控、呼叫平台等。上述每一个功能的限化目标、接口规范、数据标准已不断明确，从而使得机器人软件开发有章可循，核心功能数据趋于标准化并不断成熟。

③用户接口及应用趋于平台化：机器人平台化主要包括硬件平台化、软件平台化以及核心功能平台化等三个方面。随着应用场景及核心功能的不断成熟，机器人应用已从早期的演示推广发展到目前的核心功能数据接入使用和运维操作平台化建设，具体而言，一方面，数据接入在应用过程中不断规范化；另一方面，根据最终用户需求，在对接不同平台时呈现更加符合其运维需要的数据信息。目前，已经有各类以运维为目的的操作平台在各行、市电力公司先后投入使用。从机器人角度来看，平台化一方面便于客户使用及规范化操作。另一方面，也可以促使产业链不断发展。

（2）由"感知"向操作、协作发展

巡检功能属于智能系统中"感知"功能的突出表达，具体包括环境感知、设备状态感知等。鉴于电力架空线、变电站、配电站及电力隧道的应用场景具有一定的特殊性，正常电力运维人员不能解决的往往是"感知"任务的复杂性和操作难度。为此，为前最为紧迫的是用机器人来实现运维的"感知"功能，而随着智能巡检机器人的成熟使用，具备更多感知、操作及人机协作功能的智能机器人将会是未来的发展方向。

此外，由于"感知"信息后需要对信息进行"处理"和"操作"，因此操作机器人会成为智能巡检机器人的后续功能延伸和发展；同时，从操作的角度来说，"感知"和"操作"是一个从手动遥控操作到自主作业，再到人机协同完成复杂操作的过程，为此，人机协作也是未来行业发展的重要方向。

（3）物联网带来的单体智能向系统智能化发展

单体智能和多体智能是智能机器人系统的重要应用形式，单体智能突出机器人本体从感知、表达、控制、决策等方面的智能化程度，多体智能突出协作性、关联性和系统性。电力巡检机器人从单体智能的角度来看，突出巡检机器人的自动运行、环境适应性、多模态数据采集与融合、图像识别、专家系统等功能，直观来说，就是机器人能够完成自主、复杂、多样的任务；而从多体智能角度来说，更强调多系统的融合，包括机器人与环境传感器、被测对象、其他智能设备和系统、运维人员等主体（智能体）的数据融合，同时能够与其他主体（智能体）数据关联分析，以及协同完成特定任务等功能。

单体智能目前已经趋于平台化、标准化和规范化。而多体智能则将成为行业发展的趋势，促进系统整体优化提升，为电力运维系统带来新的发展。

（4）多模态数据融合呈现多样化价值应用

目前，电力智能巡检机器人的主要功能是实现不同形态的数据采集、数据识别、判断与决策。其采集的数据主要包括环境数据（温湿度、声音、电磁场强度等）、安全数据（防跌落、外力破坏、人员入侵、火源等）、被检测设备状态数据（红外、图像数据、局放、紫外等数据）等，由于上述数据关联性、重要性以及用途不一，因此呈现多模态形式，具体情况如下。

①工作环境数据：用于分析环境的健康状况并对危险环境进行预警，同时，对于设备状态评价提供参考。

②设备状态数据判断与预警：根据采集的状态数据判定设备的工作状态，同时通过与历史数据进行比对并结合关联设备状态数据及环境数据，对设备运行进行更深层次的预警和运维管理。

③运行数据呈现与管理（运维平台）：随着数据维度和内容的不断累积，并呈现多模态形式，用户在数据分类使用的基础上，改变了传统运维管理形式，建立了运维管理平台，以省、市、工区、班组等为单元，进行数据呈现与管理，建立基于智能机

器人、物联网、智能终端、云计算等新技术的一体化运维管理平台，实现智能运维。

随着智能巡检机器人行业的不断成熟，对数据的选择性应用已成为趋势，也进一步提升了数据采集的有效性和应用价值。

（5）人工智能引领行业快速发展

电力智能巡检机器人无论在机器人自主移动、控制与驱动、定位导航以及传感器数据采集、图像处理、语音采集与处理、专家系统分析与决策、大数据分析等方面都用到人工智能技术，换一个角度来说，人工智能在每一个领域的突破和发展，都会对电力智能巡检机器人的核心功能、平台特性、数据运维管理、专家决策与预警等起到推动作用。进一步来说，以下几个方面会受到相应人工智能发展的影响：

①环境智能监控：环境健康是设备得以安全运行的重要依托。通过合理分布环境传感器，并结合环境传感器进行环境分析，在出现危机的条件下，控制用于调节环境的风机、灭火器、报警器、排水装置等实现环境智能监控。环境智能监控需要人工智能在数据处理、模式识别、环境联动控制等方面起到重要作用。

②机器人自主定位与导航（SLAM）：机器人自主定位与导航是机器人实现各类采集任务、运维操作的基础，而定位的精度、防跌落功能、导航避障功能都有赖于人工智能算法的先进程度和可靠性。

③机器人控制与决策：机器人在底层伺服驱动、路径规划、任务管理等方面均有前馈控制、神经网络控制等人工智能算法的应用，未来随着电力巡检机器人结构更加多样化、环境适应性提升以及任务多样化，对人工智能的依赖度将不断提升。

④机器人数据采集与处理：人工智能在视频、图像、语音等领域的不断发展。推动了电力巡检机器人在图像处理、设备音频采集与判断、传感器数据采集与处理等方面的能力逐步提升，以图像识别为例，各种深度学习算法的不断应用，有效提升图像识别的适应性和准确性。

⑤大数据平台与专家系统：数据进入平台后，通过多维度的数据关联分析和数据挖掘等技术，结合专家系统等管理工具，进行辅助决策与判断，从而提升运维管理水平。

（6）机器人成为电力精益管理的重要载体，智能化程度越来越高

电力智能巡检机器人在输电架空线、变电站、配电站、地下电力隧道等场合的应用不断推广，改变了电力传统的运维方式，智能化水平不断提升。未来，随着智能电网的发展以及智能化、自动化水平的提升，机器人将成为重要的载体和工具，是信息获取和运维的重要手段。此外，由于机器人技术的发展以及人工智能水平的不断提升，机器人将会走向电力行业的多种应用场合，实现更为复杂、多样的任务，包括维修维护、消防安全、操作运行等工作，满足无人值守、协同操作等更为智能的运维及管理功能

第三节　智能电网系统控制中一般性问题的解决

很多国家的电力系统已经历了采用分布式电源（DR）的大规模增长过程。这种增长受到了多种因素的影响，包括电力工业放松管制，发电技术的进步，材料成本的下降。经济刺激（例如，由可再生能源和热电联产系统或垃圾电厂生产的电能具有特别的购买价格）和减少二氧化碳排放的压力等。对分布式电源的开发导致了将 DG 并入低压和中压电网的要求，并引发了新的且经常是挑战性的问题。配电网本来并不是设计来接入发电厂的，它们通常按照单一的能量流向运行，即从变电站到用户，但随着分布式发电单元的出现，这种格局已经打破，分布式电源的开发已经常性地迫使系统运行人员、电力公司、政府和管制机构制订 DG 机组接入电网和运行的技术规范，由 DG 机组接入配电网而倍受关注的问题包括：稳态电流和短路电流约束，电能质量，电压分布特性，无功功率和电压控制，对辅助服务的贡献，DG 机组耐受扰动的能力和稳定性，与保护相关的问题，解列和孤岛运行等。

大型可再生能源发电厂的位置主要是由一次能源（例如风）决定的，其电网接入问题涉及从远方输送大容量功率（原先并没有考虑过）到负荷中心。因为没有可用的输电线路或由于既存输电走廊容量的限制，既存的输电系统通常缺乏输送如此大功率的能力。因此，作为一个电能可以按照公平竞争原则进行自由买卖的市场，为了保证供电的安全性，输电系统需要加强。提高输电能力的方案有多种：包括建造新的输电线路（这在很多国家由于环境和立法的限制已非常困难）；进一步采用智能输电技术，如直流输电线路和 FACTS 装置；采用更高效的运行，并改进控制和管理，从而更好地利用既存电网。

尽管电力系统的组成成分和组成元件的特性已经发生了变化，不管是在电源结构方面的变化，还是在电力传输和控制方面的变化，比如采用更加有效的电力电子型控制装置，电力系统的基本功能仍将保持不变，即满足持续变化的负载对有功功率和无功功率的需求，以最小的成本和对生态最小的影响实现供电，并保证所供电能的质最满足最低的标准要求，包括恒定的频率、恒定的电压和一定水平的可强性。通过这些变化，要求达到可靠、灵活、高效益和低成本的供电，并既能充分地利用大型集中式发电机组，也能充分地利用分布式电源，从而保证这些变化所产生的效益比仅仅将大量分布式发电机组接入电网大得多，采纳与配电网主动式管理相关的更加雄心勃勃的概念是特别需要的。在这些概念下，响应型画负载、储能装置和 DG 等一起被用于提高整个系统的效率、供电质量和运行状态，从而形成一个完全主动式的配电网。开发主动式电网这种基础设施（智能电网），需要一套能够帮助决策者对电网在如下两种因素作用下的损失和收益进行评价的智能化工具，第一种因素是电网中大量采用分布式电源（包括可再生能源），第二种因素是对具有高可再生能源和分布式电源渗透率的系统的运行性能进行优化。电网朝着完全主动式结构的进化需要几个中间步骤，包括制定接入电网的标准和运行规则（电网法规），提出新的保护方案并确定新的保护定值，建定新的控制流程和管理方法，将分布式电源、储能装置和响应型负载接入电网，对分布式发电机组的孤岛运行和辅助服务进行可行性评估并定量给出辅助服务的需求量，进行政策性研究以提出促进分布式电源发展的政策。

早已被认为是人类建造的最复杂系统之一的电力系统，在经历述改变之后将变得更加复杂，更加难以控制和运行。电力系统将包含大量的非传统发电机（异步发电机），这些发电机的功率输出通常是随机的并极大地依赖于环境条件，特别是风力发电、光伏发电和热电联产。除了这些新型发电机之外，电力电子装置的大量增加也将进一步加剧电力系统的复杂性和易变性。这些电力电子装置包括了新型发电机中的基本部件，用于连接可变功率输出（比如双馈感应发电机，全功率变流器连接的异步或同步风力发电机）的电力电子接口，直流发电（如光伏发电）与交流电网的连接器，以及独立的控制装置等。

未来电力系统运行和控制所面临的基本挑战之一是，开发非确定性即随机或概率性的分析方法，以避免过分保守和过分冒险的解决方案。仅仅基于最大、最小或选定系统条件子集合的确定性方法，不可能成功地处理间歇性和随机性的分布式电源，而对高度复杂系统中可能出现的成千上万个场景进行快速和高效处理的要求，使得必须选择最适合的控制作用。

一、系统振荡的阻尼

电力系统的稳定件被定义为"电力系统的一种内在属性，这种属性能够使电力系统在正常条件下维持在一个平衡的运行状态，而在遭受到某个扰动以后能够重新回到一个可接受的平衡状态"。稳定性对于电网的运行是一个必要条件。随着电网复杂度的增加，维持系统稳定性的任务也随之增加。在放松管制的框架底随着非传统发电机组、电力电子装置和由市场规则决定的输电需求的大量增加，可以预见，电力系统的负载将变得越来越重，并被迫在更加接近于其稳定极限的条件下运行。

电力系统稳定性大体上可以进一步细分为功用稳定性和电压稳定性。功用稳定性即使不是输电网专有的问题，也更多地与输电网的运行有关，至少过去是这样的；而电压稳定件主要是一个"局部的问题"，即典型情况下局限在配电网中。对应未来电力系统新的结构和运行要求，上述区分将会变得越来越模糊。功用稳定性研究将会扩散到低电压等级，即扩散到配电网功用稳定性电力系统作为一个整体，即使在经受了某个扰动之后，仍然保持同步的能力。由于电力系统主要依赖于同步电机发电，在可预见的将来这种情况不会改变，因此就存在一个互联发电机组保持同步的问题。电压稳定性指的是电力系统在正常运行条件和经受扰动之后，维持所有母线电压在法定范围（通常在额定值的 ±10% 范围）之内的能力。防止电压不稳定（最终导致电压崩溃和大范围停电）的必要条件是，在电网中提供足够的无功支持，以及电压调节装置。（例如分接头可调变压器、有源或无源的串联或并联电压支持装置等）之间恰当的协调，对于一个具有较多阳性输电线路和电缆的低压电网，只靠无功支持可能是不够的，还需要有功支持。包含有随机变化分布式电源和大量电力电子型控制装置（或发电机接口）的电网，对电压控制的方法论将提出更加苛刻的要求。

下面我们对功用稳定性进行讨论。功用稳定性可以进一步划分为暂态即大扰动稳定性和小扰动稳定性两类，暂态稳定性是电力系统在遭受某个大扰动（例如袭任何用线上的一个三相故障）后保持同步的能力，而小扰动稳定性是电力系统在遭受某个小扰动（例如偶然发生的或计划设定的负载或发电出力的改变）后保持同步的能力。对于这两种类型的稳定性，系统中机电振荡的阻尼是必需的。

正如其名字所隐含的那样，这些振荡是由电力系统中电气过程与机械过程相互作用而产生的。机电相互作用过程就是从机械功率（调速器和涡轮机）转化为电气功率（发电机）的过程。这些振荡的特征一方面表现在发电机转子速度的变化（名字中所谓的"机"），另一方面表现在随之产生的所发出的电功率的振荡（名字中所谓的"电"），这些振荡对同步电机来说是固有的。

机电振荡可以被系统中几乎持续发生的小扰动所激发。对于机电振荡不稳定的系统，由于任何扰动都会导致增幅振荡，从而引起保护动作将发电机从系统中切除，因而是不可能运行的。位于个别机组上的振荡模式被称为局部模式，它们常常占据机电振荡模式频率范围的较高段，也就是在 0.7~2.0HZ 的频率范围。这些模式常常只涉及系统的一小部分，并通常与单台机组的功用振荡或单个电厂相对于系统其余部分的功用振荡相关联阻尼极差的典型模式通常与大群发电机组或电厂相关联，共典型频率范围是 0.2~0.8Hz，它们是由处于电力系统不同部分的发电机组跨越输电走廊（线路）进行功率交换所引起，涉及电网中的一群机组相对于另一群机组而振荡在过去的几十年中，世界范围内已在多个电力系统中观察到区域间振荡，这些振荡典型地与跨越弱输电线路进行大功率传输相关联。不稳定的机电振荡可以引起电网的大规模解列并最终导致停电。它们也会引起机组轴系的疲劳，增加机组控制器机械执行机构的磨损，导致昂贵部件的过早更换或损坏。电网中的振荡行为也限制了联络线上的功率传输能力。总之，机电振荡对系统的性能具有巨大的影响，为了保证电力系统的运行。

这些振荡必须得到很好的阻尼。机电振荡的恰当阻尼通常通过在系统中加装阻尼控制器来达到，它们可以是就地的控制器，即作为发电机励磁系统的一个部分（最常见的是电力系统稳定器），也可以是连接在非发电机馈线上的 FACTS 装置中的控制器，即 FACTS 装置控制环路中的一个附加阻尼控制器，后者通常用来阻尼全系统范围即区域间的振荡。

（一）就地安装的阻尼控制器

迄今为止在电力系统中得到最广泛应用的阻尼控制器是电力系统稳定器（RSS）。它利用在发电机端口可以得到的就地信号（典型信号为速度、电功率或频率），基于阻尼转矩和同步转矩的原理生成阻尼信号，并将阻尼信号直接加入发电机的励磁环路中，由 PSS 提供的阻尼转矩是与发电机转子的速度偏差同相位的，从而直接增加了系统的阻尼转矩。PSS 通常由一系列（多至 3 个或 4 个）级联可调谐超前 - 滞后补偿环节和参数事先设定的低频与高频滤波器（用于防止目标频率 0.1~2.5Hz 之外的负面相互作用）组成，但这些年也开发出了其他种类的 PSS。

（二)FACTS 装置控制环路中的阻尼控制器

FACTS 装置最初于 20 世纪 80 年代设计出来。目的是为输电系统提供控制的灵活件和运行灵活性，也就是用来提高输电能力或将潮流限制在指定的输电通道上，或改变潮流路径到指定的输电通道上。它们大体上可以分为两类：一类通过控制电网中的电抗来改变潮流的路径；另一类则采用静止换流器作为电压源，并以合适的方式注入或吸收功率。第一类 FACTS 装置包括静止无功补偿器（SVC）、晶闸管控制的串联电容器（TCSC）、晶闸管控制的移相器（TCPS）等，第二类 FACTS 装置包括静止同步补偿器（STATCOM）、静止同步串联补偿器（SSSC），统一潮流控制器（UPFC）和线间潮流控制器（1PFC）等。

在较后面的阶段，人们认识到 FACTS 装置对阻尼机电振荡（特别是区域间振荡模式）还具有正面的作用，自此以后，对设计 FACTS 装置中的辅助阻尼控制器一直存在浓厚的兴趣。

（三）阻尼控制器的设计

很多年来设计和调整电力系统控制器一直是一个研究的主题，而且已提出了很多互不相同的方法，从基于经典线性控制系统理论的留数方法和频率响应方法到基于更复杂理论的方法，例如基于线性矩阵不等式（LMI）的方法，基于多变量控制理论的方法和基于线性最优控制（LOO 的方法等通常经典方法在解的鲁棒性方面存在欠缺，而高级方法通常要么需要对电力系统模型作过度的简化，要么所得出的控制器具有非常复杂的结构，然而，电力系统工程师以压倒性多数偏爱经典的调整方法，因为它们简单。阻尼控制器（例如 PSS）的经典调整方法通常可以划分为三类：基于转矩 - 功用环路的调整方法、基于功率 - 电压参考环路的调整方法和基于励磁器控制环路的调整方法。

在实际电力系统中，即使对于绝大多数案例，就地调整的阻尼控制器（PSS）达到了事先设定的目标，即成功地阻尼机电振荡，但已注意到，为了达到系统最优的性能，也需要考虑不同控制器之间的相互作用。为了使电力系统的整体性能得到提高。需要对不同的控制器进行协调整定。对不同的控制器进行协调整定的典型做法是采用优化方法。过去已开发了从线性规划到非线性约束最优化的各种方法根据得优化的目标函数的形式不同，需要采用不同的优化子程序。在大多数情况下，目标函数是基于频域信息的，例如特征值和阻尼因数等其他形式的目标函数有采用控制器增益的。有采用特定控制环路的相位裕度和增益裕度的。除了这些传统的、解析的优化方法外，新近的进化规划方法，例如遗传算法、禁忌搜索、模拟退火、粒子群方法等，也被用来进行优化计算。这些新颖的优化方法特别适合于复杂上线性系统，并已成功地应用于电力系统的多控制器协调。

二、电能质量控制

电能质量这个名词以其现在的形式出现仅仅是在 20 世纪 80 年代的早期和中期，在此之前，归于这个一般性名词下的所有个别现象，如电压暂降、谐波、电压暂态、电压调节、电压闪变和可靠性等，都是单独研究和单独命名的。口前，电能质状是用来总体性描述如下各方所有复杂相互作用的一个术语，包括发电方、供电方、环境、用电设备与系统，以及这些用电设备与系统的使用者。一般地，电能质量涉及所传递电能的可维护性，与每个设备的设计、选择和安装有关，不管是电力系统中的硬件还是软件，电能质量包含了供电链上从发电厂到终端用户的所有领域，并且是对元件如何影响整个系统的一种度量。

从发电、输电、配电和用电的最早期开始，连续地供给"清洁"的电能并高效和舒适地使用电气设备一直是且仍然是所有电力系统的主要目标。供电电压是一个全系统范围的特征指标，而供电电流则是一个比较局部的性能指标。对供电电压和供电电流的要求是，只包含基波频率的恒定正弦波形，供电频率是恒定的。构成对称的三相电力系统，具有不随时间变化的恒定的方均根值，电压不受负载变化的影响，供电是可靠的。总之，只要需要就可以使用电能。只有满足上述条件，所供电能的质量才被认为是足够好的。用电设备的主要类型并没有剧烈的变化，从用电的最初阶段开始，它们是，且仍然是，电灯、电动机、加热器、冷却器等。此外，自从最早的时候开始，目前所关注的几乎所有。电能质量扰动就一直是供电系统的内在特征。另外，电力系统以及用于发电、输电和配电的设备和控制装置随着时间的推移而进化，今天它们当然比过去更加高效和可靠。但是，随着时间的推移确实发生变化的是设备的特性以及使用设备的方式，其影响是提高了对电能质量问题的认识程度。曾经几乎无害且几乎注意不到的电能质量扰动今天已变得越来越使人烦恼，有些现象会导致无法容忍的麻烦，更重要的是会引起巨大的经济损失。人们正在越来越多地使用现代高效率和高光强的放电式光源而不使用简单的铝丝灯。精细的变速传动装置现在已得到广泛应用，比如用于电动机的更精确控制，用于复杂空调系统的控制等，而这些空调系统已取代了传统的电阻性加热器。

这些现代的"替代品"与其被替代的原有设备相比，对电能质量扰动更加敏感几乎所有现代的电子设备，要么是其本身的设计特点，要么是所加入的控制和通信系统的特点，使其对电能质量扰动十分敏感。这种设备对电能质量扰动敏感性的跳变起始于 20 世纪 60 年代半导体器件的引入，并在 80 年代随着个人计算机的普及而进一步加强。从那时开始，用户对由电子型与微机型系统所提供的安逸的极度依赖一出以指数速度增长。90 年代，计算机网络、移动和其他通信系统的发展使得许多商业和工业设施在受到电能质量扰动干扰的程度和范围上有了增加。具有高效、节能、使用方便和控制精确等特点而广受赞美的现代电子型与微机型设备得到大规模的发展和应用，呈现出异常的多样性并影响了几乎生活的所有方面。与此同时，这些设备对电能质量扰动（特别是电压暂降）的高敏感性，以及对运行本身所产生的不利效应（例如发射谐波，产生电磁干扰，引起过热等），已使得对电能质量问题的关注度大为增加。

除了使用更敏感的电气和电子设备之外，现代生产概念方面的改变也促进了电能质量成为关注的焦点。现代制造业和服务业是以高度的自动化过程为标志的，它非常复杂，对电能质量扰动更加敏感。其生产和运行的哲学是"时间就是金钱"，其生产和运行的状态是"接近于峰荷"，其生产和交货的逻辑是"赶上趟儿"。因此任何运行、服务或生产的中断将比以前付出更高昂的成本和经济损失。标志电能质量问题严重性的最好的指示器也许是相关投资的数量，具有连续生产过程和服务的工业和商业用户当前更愿意投入资金以改善电能质量并降低电能质量扰动的损失。在金融服务市场（股票交易所、信用卡交易和在线银行）和互联网数据中心，维持"好的"电能质量的兴趣比别的地方更高，因为由于供电中断而引起信息丢失所造成的经济损失，每秒的停电时间经常会超过成千上万美元、英镑、欧元和日元，半导体晶片厂也许是由于电能质量扰动而遭受经济损失潜在风险最高的用户，因为在很小的地理区域中集中了大量昂贵的设施和设备。

近年来引入的电力市场对电能质量关注度的提高也起了重要的作用。电力公用事业公司（电网运行者、输电公司、配电公司和电力供应者）需要面对放松管制和开放市场的问题。配电公司正处于巨大的压力下，要求其改善和保证所提供的服务质量；对用户的供电故障有可能招致严厉的罚款并影响其获得新用户和保持已有用户的能力，而其提供合格供电质量服务的能力还受到如下因素的挑战，包括非传统的、随机的可再生能源电力的大量增加，以及电力电子型设备在其系统中的大量使用。新型发电机的电压和功率输出通常是变化的，并需要更加复杂的控制；它们经常通过电力电子装置与系统相连接。这些电力电子装立既对电能质量扰动非常敏感，而且本身就是这些扰动（谐波）的源，电力电子装置不但用于连接和控制可再生能源发电机，而且是其他系统控制器（FACTS 装置，高压直流输电系统等）的组成部分。因此，这些公司未来必须将投资放在最能改善其服务和网络性能的项目上，可靠性、可用性和所供电能总体的高质量仍然是电力供应商最重要的目标。但是，这些供电属性的意义在过去的几十年中已经有了一些变化，即更多地站在用户的角度进行考虑，对于其设备和过程对电能质量扰动敏感的用户来说，"用户分钟损失"的标准估价已经有了完全不同的意义。由于人们越来越乐于将电能质量指标作为评价供电服务质量的准则，因此，为了至少包括最重要的电能质量概念，用于描述供电系统性能的可靠性和其他传统概念必须重新形成和一般性化。

电气设备和电能质量改善装置的制造商在了解、表征和显化电能质量问题方面也表现出了极大的兴趣。为了使他们的产品设计能够达到耐受或穿越甚至减轻电能质量扰动，他们需要知道最经常发生的电能质量扰动的基本特征。考虑到缓解电能质量问题的成本，在设备制造阶段就提高设备的抗扰度或穿越能力是最划算的方法。为了防止软件驱动设备因控制和保护定值而故障或间断，用于微机型装置的控制软件开发者，对理解电能质量扰动问题也很有兴趣。

电能质量扰动会关闭工业过程和计算机系统，引起的生产率和材料损失水平以前从未遇到过。这些扰动也会使拥有越来越多现代电子装置的居民用户烦恼，对于私人拥有并在竞争环境中运行的供电企业这样的问题也越来越难以接受。就发生的频率和相关的损失来说，电压暂降和短时断电是两种极有害的电能质量扰动。电力系统谐波是另一类重要的电能质量问题，由于其对系统和设备的运行性能具有潜在的巨大影响而备受关注。

（一）电压暂降和谐波

电压暂降被定义为工频交流电压的方均根值下降到 0.1~0.9PU 且持续时间为 0.5 周波（对于 50HZ 系统为 10ms）到 1min 的电压跌落，电压暂降的幅值和持续时间是电压暂降的两个主要特征。它们被广泛地用来导出设备的兼容性图表与指标，并用来表征供电系统的电压暂降性能。

电压暂降的其他特征有相位跳跃、三相不平衡、暂降起始的波形点和暂降恢复的波形点。虽然这些特征对评估设备对电压暂降的敏感性也很重要，但受关注的程度要低得多。电压暂降主要是由输电系统或配电系统上的故障引起的，尽管工业设施内部的故障以及启动大型异步电动机也会引起电压暂降。在连接点发生电压暂降的后果是，设备可能跳闸或未能按预期的要求工作，例如高灵敏度控制器的错误切除。交流接触器、个人计算机、逆变器、变速传动装置、可编程序控制器的退出运行，异步电动机的减速，高光强度放电灯的断开等。作为个别设备故障的后果，由该设备控制的整个生产过程（或服务）可能就会中断，从而给业主造成巨大的经济损失。

电力系统谐波是正弦波形的电压或电流，其频率是供电系统设计和运行频率（50HZ 或 60Hz）的整数倍。谐波是由各种非线性的负载产生的，对于这些负载，任何时刻，电压与电流之间的关系不是定常的，即负载是非线性的。非线性的电流流过系统阻抗会在负载端产生谐波电压。谐波源可以大体上划分为：

（1）饱和设备，其非线性的根源是铁心的物理特性，包括变压器、旋转电机和非线性电抗器等；

（2）电弧设备，其非线性的根源是电弧的物理特性，包括电弧炉、弧焊机和荧光灯等；

（3）电力电子设备，其非线性的根源是，在电力系统基波频率的一个周期内发生多次半导体器件的开关动作，包括变速传动装置（VSD）、直流电机驱动器、电力电子电源、整流器、逆变器、FACTS 装置、高压直流输电系统等。

配电网中谐波电流的总幅值通常与基波电流（功率需求）的变化趋势相一致，因为谐波（非线性）负载和线性负载常常同时出现在一个电网中，特别是具有明确运行时段的商业负载在大多数情况下，从短时段来看，功率需求的上升趋势很可能伴随着谐波电流幅值类似的上升趋势此外，配电网中的谐波畸变还受到负载成分的影响例如。一条供电给 100% 工业负载的配电网馈线与一条供电给 40% 商业负载和 60% 居民负载的配电网馈线相比，很可能具有不同的谐波畸变水平。这个差别是由于两种情况下谐波负载的特性不同引起的，除了不同的 THD 水平外，谐波负载产生的特征谐波也不同在工业环境中使用的大功率变速传动装置和变流器主要产生 5 次和 7 次谐波。另一方面，在商业负我和居民负载中使用的单相电力电子装置，主要产生 3 次、5 次和 7 次谐波。就 THD 随时间变化而言，主要供电给居民负载的配网馈线很可能在晚上当电视机和电灯打开时经历一个谐波电流幅值的增长过程，而主要供电给商业负载的配网馈线通常在深夜时段当商店关门时经历一个谐波电流幅值的下降过程。

随着电子、信息和通信技术的快速发展，预期非线性（谐波）负载在系统侧和终端用户侧的使用将会增加，同样系统的电压畸变水平也会增加。在商业和居民楼中，单相非线性（谐波）负载（个人计算机、荧光灯、办公设备等）早就得到大量使用。

可以想到，具有更大功率的非线性设备，例如具有变速传动装置的中央空调，在不远的将来会更快速地进入用户侧。在系统侧，用于连接和控制可再生能源发电机的电力电子接口装置。正在加速得到应用的高效电网控制设备 FACTS 装置，以及用于远距感大容量输电的高压直流输电系统，将进一步增加电网的总体谐波污染水平。从电力公司的角度来看，高谐波畸变率会导致设备故障，极端情况下甚至停电，从而增加了用户抱怨的风险，此外，谐波污染通过额外的热损耗增加了对变压器和线路/电缆的伏安容量需求，从而降低了整个配电系统的裕度以及在既存系统中增加更多用户的机会。另外，用户倾向于使用非线性负载。因为它们采用了最先进的技术；但是，并不情愿为谐波缓解装置投资，特别是商业和居民用户。电压和电流谐波畸变的主要影响如下：

（1）通过增加铜、铁和电介质的损耗而使热应力增加；

（2）通过增加电压峰值，即电压峰值因数而使绝缘应力增加；

（3）中断负载的供电。

由于谐波畸变的主要影响通常具有累积效应，即过热和绝缘疲劳，它们与 THD 的水平以及处于这个高 THD 水平的时间长度相关。由于这个原因，谐波谐振，不管是串联谐振还是并联谐振，在谐波对设备和系统的最终影响方面具有很大的作用，当电网处于谐振状态时，临界的谐波被特别放大，导致极大的电压和电流，从而引起设备过热、绝缘损坏或负载/过程供电中断。电网中发生谐振的一个主要原因是没有安装足够容量的功率因数校正电容器（PFCC），从而使自然谐振频率降低到 5 次（250Hz）或 7 次（350Hz）谐波的水平。

认识到了电能质量扰动可能造成的损失的数量，越来越多的工业和商业用户开始寻找免受电能质量扰动影响的技术上和合同上的保护方法。最常用的方法是安装缓解装置（定制电力）以减少受破坏的次数。也有与电力公司签订电能质量合同以保证更高质量的电力供应。但是，不管采用什么方法，所进行的投资在经济上必须是合理的。

从电力公司的角度来看，减少电压暂降和短时断电的次数并控制电网中的谐波水平将提升用户的满意度并改善未来的业务前景。在当今的竞争性电力市场中，电能质量的标准必须不断地更新以保证业务的生存。

（二）控制电压暂降

为了减少由于电压扰动，特别是电压暂降引起的潜在经济损失，可以采用多种方案。第一种方案当然是减少引起扰动的原因。由于电力系统故障是电压暂降的主要原因，因此可以由输电公司和配电公司来采取措施以降低故障的发生率。在输电系统层面，这些措施包括：调节输电线路杆塔的接地电阻，安装线路避雷器，定期清洗绝缘子，安装具有瞬时保护系统的快速开关，采用具有时间分级保护的消弧线圈接地等。

在配电系统层面，这些措施包括：定期修剪树木，装设动物防护栏，安装避雷器，合环方案（采用回路拓扑而不是放射式拓扑），改进馈线设计及改进保护配合等。尽管这些预防性措施能够大大降低故障发生率和最终的电压暂降，但不可能完全消除。因此，还应采取进一步的措施以处理剩余的故障并保证设备能够穿越扰动。在电力公司层面，可以采用基于FACTS的调节装置，包括动态电压恢复器（DVR）、固态转换开关（SSTS）、静止同步补偿器（STATCOM）、静止同步串联补偿器（SSSC）、静止无功补偿器（SVC），统一潮流控制器（UPFC）等。但是，大范围应用这些装置所引起的经常性问题是成本过高。因此，在提出最终的方案之前，需要对可能的各种缓解方案进行非常仔细的技术经济评价。考虑到所涉及的功率水平（用来保护整条馈线或部分电网）及所导致的缓解装量的成本，以及并非所有用户都对电压扰动同等敏感，仅仅保护单个用户或特定馈线经常（如果不是总是的话）在经济上更合理。在这个层面上，可以采用上面提到的类似的缓解装置，如DVR、SSTS、STATCOM等。但是，由于被保护负载的容量要低得多，解决方案的成本也就大大降低。除了这些装置之外，还可以采用一些其他的装置和技术，因为所涉及的功率较小。例如飞轮、超导磁体储能（SMES）、磁合成器、在线或旋转UPS、电动发电机（MG）、私家发电机、静止有源电压调节器、电子分接头，甚至恒定电压变压器（用于较小的固定负载）。如果像经常发生的那样，仅仅是某个特定的设备或装置，并且经常性地是该装置的控制系统，必须得到保护，那么可以采用更小容量更简单的保护装置。为了保护控制系统，可以采用诸如恒定电压变压器(铁磁谐振型)、UPS、SMES和MG等。对于个别负载的保护，可以采用的方案包括：在其电压耐受范围方面改进设计（包括内部的控制算法和保护整定值），改进起动器，改进直流电源（更大的电容器以保证足够的直流电压水平），采用更低电压的脱网特性，或采用与保护控制电路类似的低功率装置，即恒定电压变压器（铁磁谐振型）。对于较高的电压等级和涉及多于一个装置或控制电路（由于缓解装置所需要的容量）时，缓解方案的成本常常按指数规律上升。但是必须指出，尽管发源FFACTS技术的现代定制电力系统（例如DVR、STATCOM、UPFC等）能够合成丢失的电压并完全补偿扰动的影响，从而能够为设备和过程提供即使不是优秀也是非常好的保护，在经济上也并不总是最好的解决方案，因为它们的成本很高，对于很多实际情况，控制算法的简单改进、设备设计的改进或使用诸如恒定电压变压器这样的简单装置就能够大大减少过程中断的次数，从而减少终端用户所受的经济损失。但是，如果这样做不行的话，就必须采用更加复杂和更加昂贵的解决方案，并需要做仔细的技术经济分析，在这种情况下，因为采用复杂缓解装置而获得的额外效益（电压调节，功率因数校正，为电网中其他母线/用户提供电压稳定和功用稳定保护，等等），在进行技术经济比较时必须加以考虑。

（三）控制谐波

通常，谐波电流在到达电力公司的电源端前已经过了多级衰减。常见的自然发生的现象之一是，由于不同的负载组合和运行条件使得谐波电流的相位不同，导致谐波电流相互抵消。其他情况包括通过具有不同绕组接法的变压器来连接负载，从而引入了附加的相位移，加强了谐波的对消。在变速传动系统中，加装小型电抗器（扼流圈），典型值为传动系统容量的 3% 左右，可以进一步减少流入电网的谐波电流。

最好通常也是最便宜的解决谐波问题的方法是在发源端，即通过设备规范和设计来解决。包括使用脉宽调制（PWM）开关技术（现代变速传动装置和逆变器技术中的标准做法），能大大减小电压和电流的波形畸变；在变速传动装置中使用扼流电感（以大约 20% 的成本增加使 THD 降低一半）；采用 12 或 24 脉波逆变器而不用 6 脉波逆变器，可以总体上降低 THD 并特别降低关键次谐波（5 次和 7 次）的含量；安装功率因数校正电容器，其容量小于供电变压器容量的 20%，对于更大容量的情况，需要安装调的电容器组等对口同步电机作为谐波源的问题。采用合适的绕组节距可以降低输出电压和电流中的谐波含量。

在商业设施中最常见的谐波问题之一是中性线上的电流增加。这种电流在平衡、对称、无畸变的理想系统中应该为零，但在 3 次谐波高的系统中可以上升到不可接受的程度。在这种情况下，为了防止过热，中性线导体的规格就需要提高，也可以在每个负切或者中性线上安装 3 次谐波滤波器。这种情况下也经常使用曲折形联结变压器，因为曲折形联结变压器对 3 次谐波电流组抗很低，使 3 次谐波电流只在变压器内部流动。

但是，如果通过上述一种方法或多种方法的组合仍然不能使 THD 降低到要求的值，那么就需要安装谐波滤波器（无源或有源）了。

在配电网中，无源滤波器是减轻谐波电流的一种经济合算的方法。除了滤除消波电流，它们还能被用作无功电源。理想条件下，无源滤波器应当安装在相应用户的公共连接点上，以使扩散到公用电网的谐波电流保持在最小的水平。但是，也存在这样的情况，配电馈线承载了非常大的谐波电流，导致配电网母线上的谐波电压畸变达到了不能接受的程度，从而要求在配电网的所有关键母线上都安装滤波器。

无源滤波器相对便宜，因为是由无源元件制造的，例如电阻器、电抗器和电容器。采用无源滤波器抑制谐波电流的方法有两种：串联型谐波滤波器利用串联阻抗来阻塞谐波电流，而并联型滤波器被用作谐波电流的接收器，通过并联的低阻抗支路对谐波电流进行分流。串联型滤波器与并联型滤波器相比要贵得多（因而较少使用），因为需要承载负载的全电流。最为常用的并联型滤波器有三种类型，即一阶单调谐滤波器、二阶高通滤波器和双调谐滤波器。无源并联型滤波器的功能通常是双重的，第一，提供必要的无功功率。第二，在调谐频率处呈现为低阻抗支路以分流谐波电流。因此，谐波滤波器设计的主要准则是选择合适的电容器电容值，以在基波频率下达到要求的功率因数，然后通过选择合适的电感值和电阻值使滤波器调谐，达到有效地分流全部或部分特定谐波电流的目的。电容器的容抗是根据无功功率需求确定的，电抗器的电抗通常由电容器的容抗和滤波器需调谐的谐波次数决定。而电阻器的电阻值是根据滤波器要求的品质因数（调谐频率锐度的一种度应）确定的。虽然常用的做法是将滤波器的阻阻值限制到电抗器的电阻，但外加电阻也经常会采用，以改变调谐的锐度或改变阻抗频率特性的带宽。单调谐滤波器是最常用的滤波器。因为是最简单和最便宜的。它由电容器、电抗器和电阻器相串联组成，通常它调谐在较低的谐波频率。二阶高通滤波器的主要优势是，当将其中因数调消在 0.5~5 时，它在一个很宽的频率范围上呈现为低阻抗，但是它的一个缺点是其最小阻抗决不会像单调谐滤波器那么低，因此，其分流谐波电流的有效性也差些。双调谐滤波器由一个主电容器和一个主电抗器相串联再串联一个调谐装置构成，该调谐装置由一个调谐电容器与一个调谐电抗器相并联构成中联回路和并联回路。两者的电抗都被调谐在两个指定谐波频率的几何平均值上。这两个指定谐波频率就是需要控制的谐波频率。通常这种滤波器非常有效，特别是将Q因数调谐到较高值（5~10）时，能够将两个指定频率的谐波电流进行有效分流。最后，谐波滤波器被调谐到略微低于谐波频率的地方，以使达到最小阻抗的频率与谐波频率不精确相等。这种滤波器被称为欠调谐滤波器。欠调谐滤波器比较便宜，因为其元件的电流额定值可以相应降低。此外，电容器的介质材料通常会随时间而退化，因此将滤波器调谐在低于谐波频率的地方以补偿这种现象是必要的。

滤除谐波的第二个选择，也是更昂贵的选择是采用有源滤波器。它们并联连接，仅仅处理较小的电流（通常只是总负载出流中的畸变分址），因此不能过载。通常它们比无源滤波器容量小（大至 150kVA），并靠近谐波源安装。有源滤波器是电力电子型装置，与逆变器类似。它首先检测负载电流中的谐波含量，然后通过恰当的开关动作合成出与所连接负载谐波电流相反的电流。当将这个电流注入电网中时，这个电流几乎抵消了来自负载的谐波电流，而有源滤波器与非线性负载的组合对电力系统来说就像是一个阻性负载，因为畸变很低且功率因数为1。有源滤波器可以作为变速传动装置的有源前端电路，从而几手完全消除来自变速传动装置的谐波畸变。但是，具有作为滤波器用的有源前端电路的变速传动装置的成本，大概是具有无源前端电路变速传动装置成本的 2 倍。

第六章　电力电子技术及其典型应用

电力电子技术是用电力电子换流器转化电能的技术。其中电子技术主要包括：基于模拟和数字电子器件的控制调节系统（模拟和数字积分电路、微处理器、微控制器、数字信号处理器等），基于电力电子设备的电子元件（二极管、晶闸管、绝缘栅双极晶体管和金属铳化物半导体场效应晶体管等），传感器监测的基本参数（电流、电压、功率、温度等）。

自从电力电子技术产生以来，到现在已经得到了广泛快速的发展。现代电力电子技术也正在向以高频技术处理问题为主的方向发展。电力电子技术的应用也延伸到了其他更多的领域。电力电子技术的发展也在国家和社会的发展中占据着越来越重要的作用。只有充分了解电力电子技术，把握电力电子技术的未来发展趋势，才能持续地完成在这一领域的不断发展和突破。

第一节　电力电子技术概述

电力电子技术是一门新兴的应用于电力领域的电子技术，就是使用电力电子器件（如晶闸管，GTO，1GBT等）对电能进行变换和控制的技术。电力电子技术所变换的"电力"功率可大到数百 MW 甚至 GW，也可以小到数百 MW 甚至 GW 以下。和以信息处理为主的信息电子技术不同，电力电子技术主要用于电力变换。

随着科学技术的发展和对电力电子技术研究的不断深入，电力电子技术也在更多的领域得到应用吗，其中就包括电力系统、国防设备以及家庭电器等的应用。除此之外，电力电子技术在工业中的应用也十分广泛。这也意味着电力电子技术在现代高新技术系统中位于举足轻重的位置，了解电力电子技术的发展趋势有利于对这一技术进行有目的的钻研，但是在其发展中仍有很多未解的难题等着人们的进一步探索。而且，由于其应用范围的广泛，这一领域对于综合性人才的需求也逐渐增加。这也需要我们新生一代不断地完善自身，不断地以严谨的科学态度去研究解决这些难题。总而言之，电力电子技术是现阶段发展潜力最大的一个产业领域，这方面的发展进步能促进我国整体的经济水平和科技水平的快速发展。

一、电力电子技术的简介

一般认为，电力电子技术的诞生是以 1957 年美国通用电气公司研制出的第一个晶闸管为标志的，电力电子技术的概念和基础就是由于晶闸管和晶闸管变流技术的发展而确立的。此前就已经有用于电力变换的电子技术，所以晶闸管出现前的时期可称为电力电子技术的史前或黎明时期 70 年代后期以门极可关断晶体管（GTO）、电力双极型晶体管（BJT）、电力场效应管（Power-MOSFET）为代表的全控型器件全速发展。使电力电子技术的面貌焕然一新进入了新的发展阶段。80 年代后期，以绝缘栅极双极型晶体管（1GBT 可看作 MOSFET 和 BJT 的复合）为代表的复合型器件集驱动功率小，开关速度快，通态压降小，载流能力大于一身，性能优越使之成为现代电力电子技术的主导器件。为了使电力电子装置的结构紧凑，体积减小，常常把若干个电力电子器件及必要的辅助器件做成模块的形式，后来又把驱动、控制、保护电路和功率器件集成在一起，构成功率集成电路（PIC）。目前 PIC 的功率都还较小，但这代表了电力电子技术发展的一个重要方向。

利用电力电子器件实现工业规模电能变换的技术，有时也称为功率电子技术。一般情况下，它是将一种形式的工业电能转换成另一种形式的工业电能。例如，将交流电能变换成直流电能或将直流电能变换成交流电能；将工频电源变换为设备所需频率的电源；在正常交流电源中断时，用逆变器将蓄电池的直流电能变换成工频交流电能，应用电力电子技术还能实现非电能与电能之间的转换。例如，利用太阳电池将太阳辐射能转换成电能，与电子技术不同，电力电子技术变换的电能是作为能源而不是作为信息传感的载体。因此人们关注的是所能转换的电功率。

电力电子技术是建立在电子学、电工原理和自动控制三大学科上的新兴学科。因它本身是大功率的电技术，又大多是为应用强电的工业服务的，故常将它归属于电工类。电力电子技术的内容主要包括电力电子器件、电力电子电路和电力电子装置及其系统。电力电子器件以半导体为基本材料，最常用的材料为雅晶硅；它的理论基础为半导体物理学；它的工艺技术为半导体器件工艺。近代新型电力电子器件中大量应用，微电子学的技术电力电乎电路吸收了电子学的理论基础。

根据器件的特点和电能转换的要求，又开发出许多电能转换电路。这些电路中还包括各种控制、触发、保护、显示、信息处理、继电接触等二次回路及外围电路，利用这些出路，根据应用对象的不同，组成了各种用途的整机，称为电力电子装置。这些装置常与负载、配套设备等组成一个系统。电子学、电工学、自动控制、信号检测处理等技术常在这些装置及其系统中大量应用。

二、电力电子技术发展及应用

（一）电力电子技术的发展

电力电子学是从学术方向产生的名称。电力电子技术则是从工程技术方向衍生。的另一称谓，第一个晶闸管在美国的诞生也标志着电力电子技术的诞生。电力电子技术的发展也经历了整流器时代、逆变器时代、变频器时代三个发展过程。电力电子技术的应用领域也涉及人类生活的方方面面，例如电力电子技术在工农业、交通、国防以及能源等领域都得到了很广泛的应用。而且，通过不断地发展，实现了集驱动、控制、电路保护和功率器件为一体的功率集成电力。目前，电力电子器件和电力电子设备和系统也向着不断精化的方向发展，

（二）电力电子技术的应用

电力电子是国民经济和国家安全领域的重要支撑技术。它是工业化和信息化融合的重要手段，它将各种能源高效地变换成为高质量的电能，将电子信息技术和传统产业相融合的高效技术途径。同时，还是实现节能环保和提高人民生活质量的重要技术手段，在执行当前国家节能减排、发展新能源、实现低碳经济的基本国策中起着重要的作用。电力电子器件在电力电子技术领域的应用和市场中起着决定性的作用，是节能减排、可再生能源产业的"绿色的芯"。电力电子技术的应用领域有以下几个。

1. 在电力领域的应用

电力电子技术在电力领域的应用主要体现在发电、储能、输电和用电的过程中。在发电领域的应用，例如环保型能源包括太阳能、风能、地热能等清洁能源的开发。众所周知，这些能源的使用能解决一次能源的消耗更能保护环境，但是，在转换成电能的过程中由于电压和频率的波动很难得到广泛的应用，但是电力电子变换装置则能把这些波动的电力转换成稳定的电力输出，大大提高了新能源的使用。在储电领域的应用，例如超导线圈的磁场储能的研究。但是现在还没解决交流电能和低电压超大电流的直流电之间的转换的难题，但是，如果这一问题得以解决将是储能领域中重大的突破。在输电领域的应用，例如高压直流输电技术在远距离输电或者跨海输电的电力系统实现联网等方面的应用。在用电过程中的应用，例如变频电流的应用以及高精度洁净电源等各种电源的应用中，结合电力电子技术后都能起到锦上添花的作用，很大程度上提高了其性能。

2. 在国防设备中的应用

国防力量的强弱象征着国家综合实力的强弱。国防相关的科学技术一直是各国关注的焦点。电力电子技术已经发展为国防设备领域的核心科技之一。电力电子技术涉

及供电电源和功率驱动等各个领域，另外，新一代航母中的电磁冲射技术的应用中电力电子技术也发挥着重要的作用。高频电力半导体及高频变流技术在航天航空中的应用在提高其性能减小驱动功率的同时，大大减少飞行器的体积和重量。

3. 在交通运输中的应用

在这个生活节奏不断加快的社会，人们对于快捷便利的交通的需求逐渐增加：交通问题是人们日常关心的问题之一。在铁道交通中如磁悬浮技术，轻轨机车的自动控制系统等的发展都涉及电力电子技术。不仅如此，电力电子技术在其他的交通方式，如船舶长机等的发展过程中电力电子技术也起着举足轻重的作用。

4. 在家庭电器中的应用

在家用电器中，最普遍的节能灯的发明和使用就是电力电子技术应用的最好证明。目前，家用的变频空调器的慢慢普及也得益于电力电子技术的发展。另外，家用电器的电源也都涉及电力电子技术。

三、我国电力电子技术的发展趋势

（一）电力电子技术的集成化

电力电子技术的集成化能满足人们对方便、快捷、便于携带等的要求。电力电子技术的逐渐集成化有利于减小产品体积和重量，提高产品的功率密度和性能满足人们的更多新的需求。

（二）电力电子技术的智能化

所谓智能化，是提高产品的自动调节的能力。以减少人力物力，主要包括提高效率和功率以及调速范围和性能等几方面的智能化，各种电力电子器件的智能化对制造结构简单、功能齐全、运行可靠的性高的产品提供了方便的服务。

（三）电力电子技术的通用化

既然电力电子技术得到了很广泛的应用，那么使电力电子技术通用化就是提高电力电子技术的应用范围，降低生产制造的成本。

（四）电力电子技术的信息化

信息化对经济的发展有着不可替代的作用。信息化一直是人们追求的目标。现代信息化技术也逐渐运用到电力电子技术中，使得电力电子技术不但是能量的转换和传送装置，也具备了信息传送和交换的功能。

（五）电力电子技术的绿色化

在倡导环境保护和节能减排的今天，科学技术的绿色化是人们关注的重心。电力电子技术在开发新能源发面的应用是人们对绿色能源的追求。电力电子技术在太阳能、风能、地热能等应用中也给了人们希望的曙光。只有科学技术的绿色化发展，才能实现社会的可持续发展的目标。

第二节　换流器的原理

使用电力电子换流器运行的基本原理，换流器用方框表示，因为它由输入波形和输出信号控制。下面对不同换流器的原理进行分析。

一、整流

整流是指将交流电变换为直流电称为 AC/DC 变换，这正变换的功率流向是由电源传向负载，称为整流，其中的换流器称为整流器。

换流器将双极的输入电压转换成单极的输出电压（正或负）。输入电压是正弦波形，整流原理适用于其他的双极波形，如方波、锯齿波形等。输出电压的平均值只取决于输入电压，不会被整流器改变。这种整流器就是不可控整流器，其基本元件是二极管。但是在实际应用中，直流负载需要可以改变大小的输出电压。这就需要通过整流器的作用来实现，我们可以通过改变脉冲宽度来改变电压大小。

二、交／交变换

交流／交流（AC/AC）适用于需要改变输入电压的情况下，输出电压仍然是双极的。只是它的特性改变了改变的方法与可控整流器类似，都是通过改变脉冲宽度来实现的。一般说来，其他双极波形的输入电压均可实现转换。这取决于换流器和负载的类型。归根结底，当输入电压为正弦波时，这些换流器可用。它们的特性是输出电压基波频率与输入电压频率相等。

三、直流／直流斩波

直流／直流斩波原理，斩波灯在改变直流输入电压，它可以是正极性或负极性，将其转换成单极性脉冲输出，同样可以是正极性或负极性。电压脉冲的平均值用 Ud 表示。这个平均分后是由换流器和负载间的滤波器作用。从输出电压中分离出来的有两种方法来改变的值。

四、逆变原理

换流器称为逆变器。这种电路的功能是将输入直流电压（正极性或负极性）使用逆变器转换为双极性脉冲。双极脉冲电压可以用来给负载提供交流电。此脉冲对原电压波形没有削减。在周期（频率/）为常数时，改变脉冲持续时间可以改变输出电压和基波的大小，这个过程称为脉冲宽度调制。输出电压包含一个正极性的脉冲和一个负极性的脉冲。这些单极性的脉冲组成脉冲序列。通常，逆变器通过 MOSFET 或 IGBT 实现，也有些使用普通的晶闸管或者门极可关断晶闸管（GTO）。

第三节　电力电子技术的典型应用

一、电力电子技术在高压直流输电中的应用

高压直流输电是电力电子技术在电力系统中最早开始的应用领域。在 19 世纪电力发展的初期，由于当时的电源是直流发电机，所以都是采用直流输电。后来，随着交流的出现和三相交流输电系统的建立，交流可以通过变压器方便地升压，大幅地减小了线路损耗、提高了输电距离和容量，在 20 世纪初至 50 年代这段时间内都采用三相输电。但是，随着电力系统对输电容易的增大、线路距离的增长以及电网结构的复杂化，使得系统稳定、短路电流的限制调压等问题日益突出，特别是在远距离输电时。为了提高输送容量和稳定性，需要投入较高的成本。20 世纪 50 年代起，随着电力电子技术的发展，高压大容量交直流变换技术的成功，使高压直流输电有了显著的进步和发展。直流输电的首次商业应用是 1954 年瑞典本土和歌德兰岛之间建成了一条海底高压直流输电线路。此后，直流输电和交流输电并存。目前世界范围内的高压直流输电以每年大约 1500MW 的速度增长。

直流输电适用于远距离大容量输电、不间频率的交流系统联网、在新能源发电中依靠直流输电接入交流系统，还特别适合海底或地下。电缆输电直流输电系统的原理，电源由发电厂的交流发电机供给，经过整流站的换流变压器将电压升高后送至晶闸管整流器，由整流器将高压交流变为高压直流，经过有流输电线路输送到受电端。再经过逆变站的晶闸管逆变器将直流变换为交流后，并经变压器降压后配送给用户使用整流站和逆变站可统称为换流站，它们的核心设备是换流器（整流器和逆变器）。

直流输电的接线方式通常有背靠背直流输电、单极直流输电、双极直流输电三种。

（一）背靠背直流输电

"背靠背"直流输电，其工作的原理和一般的直流输电系统基本相同，只是"背靠背"直流输电工程没有直流线路，即整流器和逆变器直接相连。此方式主要用于两个非同步运行（不同频率或相同频率但非同步）的交流电力系统之间的互联，以及限制短路电流和强化系统之间的功率交换。

（二）单极直流输电

单极系统有单极大地回线和单极金属网线两种接线方式，单极的基本结构通常只采用一根导线（为负极性），可以由大地或海水提供网路。这种单极大地向线接线方式的优点为成本较低，但由于地下（海水中）长期有大的电流流过，对接地极附近地下金属构件腐蚀严重，而海水中流过电流，影响航运、渔业等。因此大地回路可用金属回路替代大地做回路，这种单极金属回线方式的接线方式成本较高，往往可以作为分期建设的直流工程的初期接线方式。

（三）双极直流输电

大多数直流输电工程采用双极接线方式，它具有两根导线：一根为正极性；另一根为负极性。输电线路两端都各自由两个额定电压相等的换流器串联而成，每端两个换流器直流侧的串联连接点接地，双极直流输电系统采用十二脉波换流器，采用该换流器的优点是在增加容量的同时还能减少谐波分量，是较为典型的结构。

采用十二脉波换流器的双极直流输电系统在正常工作时，两极电流相等，无接地电流，两极分别独立运行，而当其中一根导线出现故障时，另一极可通过大地构成回路，可带一半的负荷，从而提高了运行的可靠性。

二、电力电子技术在不间断电源中的应用

不间断电源是指当市电中断（停电或异常）时，立即将储存的电能向负载继续供电，使负载维持正常工作，并保护负载软、硬件不受损坏。随着科技的发展和社会的进步，信息处理量的加大等，对用电质量的要求越来越高，UPS 的功能已经不仅仅是不中断供电，还能提供稳压、稳频和波形失真度极小的高质量正弦波电源。UPS 广泛应用于各种对交流供电可靠性和供电质量要求高的场合，如用于互联网数据中心、银行清算中心、证券交易系统、通信网管中心等计算机网络系统，或者用于工业控制、医疗、交通、通信等领域。

（一）UPS 的分类

目前，市场上 UPS 种类繁多，可从主电路结构、输出容量、输入 / 输出方式、输出波形等方面对其进行分类。

按主电路结构可分为后备式 UPS 和在线式 UPS

1. 后备式 UPS

后备式 UPS 的基本结构由整流器、蓄电池组、自动检压器、逆变器、转换开关等部分组成。当电网供电正常时，市电经自动稳压器稳压后，通过转换开关直接给负载供电，同时市电通过整流器对蓄电池进行充电，注意此时逆变器不工作。当电网中断供电或异常时，整流器停止工作蓄电池放电，逆变器开始工作，将蓄电池储存的直流电变换为稳压、稳频的交流电。转换开关接通逆变器向路，继续向负载供电。

后备式 UPS 的优点是：结构简单、成本低、运行费用低，因为在正常情况下逆变器处于非工作状态，电网电能直接供给负载。

后备式 UPS 的缺点是：当电网中断供电时，由电网供电转换到蓄电池经逆变器供电存在一定的开关转换时间。对于那些对供电连续性要求较高的设备来说，这一转换时间的长短是至关重要的，后备式 UPS 一般应用在一些非关键性的小功率设备上。

2. 在线式 UPS

在线式 UPS 的基本结构由整流器、蓄电池组、逆变器、静态开关等部分组成。当电网供电正常时，整流器将市电变换为直流电对蓄电池进行充电，同时通过逆变器将交流电变换为稳压、稳频的交流电供负载使用。当电网中断或异常时，由蓄电池组向逆变器提供直流电，再由逆变器将直流电转换为交流电供给负载，以保证负载不间断供电，可见，不管市电故障与否，负载的供电均由逆变器供电，市电中断供电时，UPS 的输出不需要一定的开关转换时间，其转换时间为零，能实现对负载的真正不间断供电。如果逆变出现故障时，则通过静态开关转换到旁路，负载直接由市电供电，当故障消失后，UPS 又重新切换到由逆变器向负载供电。

在线式 UPS 的逆变器总是处于工作状态，从根本上消除了来自电网的电压波动和干扰对负载的影响，真正实现了对负载的无干扰、稳压、稳频以及零转换时间。目前大多数 UPS，特别是大功率 UPS，均为在线式，但其成本相对较高。

（二）UPS 中的整流恭

对于小功率 UPS 来说，采用二极管整流电路加 IGBT 斩波电路组合而成整流器（PFC 电路）：其工作频率高，具有功率因数校 IE 功能、滤波器体积小、噪声低、可辅性高，适用于中小功率 UPS。

对于大中功率 UPS 来说，采用晶闸管构成相控式整流电路，其输出容量大、可靠性高、控制技术成熟，但工作频率低，滤波器体积大、噪声大。并且交流输入端功率因数低，向电网注入大量谐波电流。目前对于大容量 MUPS 大多采用 12 脉波或 24 脉波整流电路，提高了功率因数和减少了注入电网的谐波。除此以外，还可以在整流器的输入端增加有源或无源滤波器来滤除 UPS 注入电网的谐波电流。

目前，较先进的 UPS 采用 PWM 整流电路，使其注入的电网电流非常接近 IE 弦波，使功率因数近似为 1，大大降低了 UPS 对电网的谐波污染。为了使 PWM 整流电路在工作时功率因数近似为 L 即要求输入电流为正弦波且和电压同相位，可以有多种控制方式，这里采用自接电流控制方式，为单相 PWM 整流电路采用直接电流控制时的控制系统结构图。直流电压给定信号和实际的直流输出电压比较后送入 PI 调节器，PI 调节器的输出即为整流器交流输入电流的幅值，它与标准正弦波相乘后形成交流输入电流的给定信号与实际的交流输入电流进行比较。误差信号经比例调节器放大后送入比较器。再与三角载波信号比较形成 PWM 信号。该 PWM 信号经驱动电路后再启动主电路开关器件，便可使实际的交流输入电流跟踪指令值。

（三）UPS 中的逆变器

为了获得稳压、稳频且波形畸变较小的正弦波电压，通常采用谐波系数 HF 和总谐波畸变系数 THD 来衡量输出电压波形质量的好坏。

正弦波输出 UPS 通常采用 SPWM 逆变器。下面以单相输出的 UPS 为例，分析逆变器的工作原理。主电路采用单相桥式 SPWM 逆变电路，对于小功率 UPS，开关器件一般采用电力 MOSFET，对于中大功率 UPS，则采用 IGBT。为了滤除高次谐波，输出采用 LC 滤波电路；输出隔离变压器实现逆变器与负载之间的电气隔离，从而减小干扰；为了节约成本，利用隔离变压器的漏感来充当输出滤波电感。

为了保证逆变器供电和维修旁路供电之间能可靠无间断切换，则逆变器必须时刻跟踪市电，使输出电压与维修旁路电压同频率、同相位、同幅值。

三、电力电子技术在开关电源中的应用

在各种电子设备中，需要多种等级的电压供电，如数字电路需要 5V、3V、2.5V 等，模拟电路需要 ±12V、±15V 等，这就需要专门设计开关电源装置来提供这些电压，通常要求电源装置能达到一定的稳压精度以及能提供足够大的电流。

开关稳压电源简称开关电源，实际上是将电网提供的交流电变换为直流电输出。开关电源实际上是从线性稳压电源发展而来的，以下分别简单介绍这两种电源的工作原理。

（一）线性稳压电源

线性稳压电源的基本电路结构，串联调制器件，工作时检测输出电压得到，将其和参考电压 Lf 进行比较。用其误差对调制器件 V 的基极电流进行负反馈控制。这样当输入电压长发生变化时，或负载变化引起电源输出电压变化时，就可以通过改变调整器件 V 的管压降使输出电压以稳定。为了使调制器件 V 可以发挥足够的调节作用，

V 必须工作在线性放大状态，且保持一定的管压降。因此，这种电源被称为线性电源，线性电源的直流输入电路通常是由工作在工频下的整流变压器 T 和二极管整流加电容滤波组成。整流电路所接的滤波电容 C 不可能很大，这样就有一定的脉动，但这些都可以通过调制器件 V 的管压降来进行调整，使输出电压的精度和纹波都满足较高的要求。线性稳压电源在具有这些优点的同时，也存在一些缺点，如输入采用工频变压器，体积庞大；调制器件 V 工作在线性放大区、损耗大、效率低。

（二）开关稳压电源

开关电源克服了线性稳压电源的缺点，将工频交流电经整流电路整流和滤波为直流电压，再由逆变器逆变为高频交流电压，然后经高频变压器隔离和降压，再整流滤波为所需直流电。

当输入电压发生变化时，或负载变化引起电源输出电压变化时，可以调节逆变器输出的方波脉冲电压宽度，使直流输出电压 / 稳定。可见，和线性电源相比，开关稳压电源使起电压调整作用的器件始终工作在开关状态，其损耗很小，使得电源的效率可达到 90% 以上。并且，开关稳压电源采用的高频变压器和滤波器，其体积大为减小。

它在效率、损耗、体积等方面都优于线性电源。因此除在一些功率非常小，或者要求供电电压纹波非常小、抗电磁干扰非常高的场合使用线性电源外，其他场合的电子设备的供电电源都被开关电源所取代。

开关电源广泛应用于中小功率直流供电的场所，从功率仅有几瓦至十瓦的手机充电器，到功率几十瓦至几百瓦的笔记本电脑电源、电视机电源、家用空调和冰箱的计算机控制电路电源等，到功率几千瓦至百千瓦的大型通信交换机、巨型计算机等设备电源。开关电源还应用于工业中，如电解电镀电源、数控机床和自动流水线的控制电路电源、电火花加工等，还可应用于 X 光机、雷达、微波发射机等设备中。

第七章 智能电网中电能的转换与控制技术

近年来，随着高频电力电子技术等学科的发展，电能的转换与控制受到广泛关注。电力电子领域取得的成就让人们意识到可以在传输过程中使用电力电子换流器，这些换流器件的结合提高了能量传输的柔性，使用这种换流器件的输电系统叫作柔性交流输电系统（FACTS），FACTS 可以增强系统的可控性，提高功率转换容量。下面我们对电能转换技术，基于 FACTS 的电力电子换流器件，输变电在线安全运行控制技术、基于广域信息的快速自愈控制技术以及基于广域信息的快速后备保护技术等进行具体分析。

第一节 电能转换技术

一、电热转换技术

电能和热能是能量的不同形式，它们之间是可以相互转换的，如热力发电厂是将热能转换为电能，而电加热装置是将电能转换为热能。电能转换为热能的方式主要有电阻加热、电弧加热、感应加热和介质加热四种类型。

（一）电阻加热

1. 直接电热法

直接电热法是使电流通过被加热物体本身，利用被加热物体本身的电阻发热而达到加热目的，如在家用电器中，利用水本身的电阻加热水的热水器等。凡是利用直接电加热法加热的物体，其本身必须具有一定的电阻值，其电阻值太小或太大都不适合采用直接电热法。

2. 间接电热法

采用间接电热法时，电流通过的网路并不是所要加热的物体，而是另一种专门材料制成的电热元件。选取电热元件取决于加热温度与周围的情况，可使用银银丝、盐浴、石墨、钨丝等。

（二）电弧加热

电弧加热是利用电极与电极之间或电极与工件之间放电促使空气电离形成的电弧产生高温加热物体。家用电器产品中的电子点火器和工农业生产中常用的电弧焊及电弧炉等都属于电弧加热。

电弧炉是用一根或三根石墨制的电极与溶化材料间形成电弧，用这种电弧热来加热材料的炉子，它可以达到非常高的温度（约3500℃）。

（三）感应加热

在被加热物体的周围安装感应线圈，当交流电通过线圈时，就有电磁场产生，该交变磁场在感应线圈内侧的被加热物体中产生感应涡流。涡流在被加热物体中产生涡流损耗和交变磁化损耗，使被加热物体发热，用这种感应涡流来加热的方法称为感应加热。

由于线圈的电抗与漏磁通起主要作用，感应线圈负载的功率因数正常，为了改善功率因数，将大容量的电容器与负载并联，可提高到近100%，感应加热按电源的频率，可分为两类。

1. 低频感应加热

低频感应加热电源频率为50Hz或60Hz，由于是一般的工频电源，所以设备简单、价格低廉。这种炉的热效率很好（约85%），常被用来溶化锌、黄铜等低熔点的金属以及铸铁液的保温。

2. 高频感应加热

高频感应加热电源频率为500~1000Hz，电源设备中必须要有高频发生装置。高频发生装置在低频范围内使用晶闸管，在中频范围内用高频发电机，在高频范围内则使用真空管振荡器。

高频感应熔化炉使用时，在感应线圈中通过高频电流，溶化室中的溶化金属产生涡流，这种炉子被用作各种金属的溶化，特别是由于能在短时间内溶化，所以适用于特殊钢的溶化，炉子容量为数千千瓦，装载最可达数十吨。

（四）介质加热

介质加热是将被加热物体置于高频交变电场中，利用被加热物体的介质损耗加热，在工业上用来加热和干燥电介类和半导体类材料。在家用电器产品中，用来制造微波炉等产品。

波长在厘米波段的电磁波通过被加热物体时，其能照会被吸收。这种波称为微波。微波具有遇到金属反射，对绝缘材料如瓷器、石块、玻璃及塑料可透过，对水和含水材料则被吸收并转化为热的特点。

电磁波是由磁控管产生的，在微波炉里使用产生等幅振荡的磁控管，电磁波的频率在 1000MHZ 左右，它以 14.7cm 的波长通过天线棒和波道，在工作空间发射。工作空间用不锈钢制成，对电磁波可反射。通过金属风扇旋转使工作间电磁波分布开，使加热物体的各个侧面都能碰到电磁波并吸收能最后加热，微波设备不但可用于家庭，还可以用于化学、生物、医疗等领域。

二、电光转换技术

电光转换技术最普通的应用就是电气照明，同时在进行信号的传输、处理、显示及各种控制装置中也被广泛应用。另外电光转换可以作为电能生产的一种方式，用于航空航天领域。随着电子技术和计算机应用及新材料科学的发展，电光转换技术正日益深入社会生活的各个领域，并在逐步改善和改变着人类的生产和生活方式。如光纤通信在当今的信息社会里充当着极为重要的角色。实际上，光纤通信系统由发射器、光传输通道（光纤光缆）、光接收器三个主要部分组成。光发射器把所要传送的电信号转换成光信号并发射出去。光纤光缆能高效率地传送光信号，光接收器是把光信号转换成电信号输出。

（一）热辐射光源

这类电光源是基于电流的热效应原理而发光的。即电流通过灯丝时，将灯丝加热到白炽（此时灯丝温度为热力学温度 2400~3000K）状态而发光的光源，如白炽灯、卤钨灯等。白炽灯是照明设备中应用最广泛的热辐射电光源，而卤钨灯是在白炽灯的基础上研究生产出来的一种高效率的热辐射光源。这种光源有效地避免白炽灯在使用过程中灯丝钨蒸发使灯泡玻璃壳内发黑，透光性降低所引起的灯泡发光效率降低，实际上卤钨灯就是在白炽灯内充入卤族元素气体。

（二）气体放电光源

依靠灯管内部的气体放电时发出可见光的电光源称为气体放电光源。常用的气体放电光源有荧光灯、节能灯、钠灯、荧光高压汞灯和金属卤化物灯等。气体放电光源的主要特点是使用寿命长，发光效率高等。气体放电光源一般应与相应的附件（如镇流器、启辉器等）配套才能接入电源使用。

1. 荧光灯与节能灯

荧光灯和节能灯是当今世界电气照明的最主要电光源。荧光灯是一种低压汞蒸气放电光源。节能灯实际上就是一种紧凑型、自带镇流器的日光灯，节能灯点燃时首先经过电子镇流器给灯管灯丝加热，灯丝开端发射电子（由于在灯丝上涂了一些电子粉），电子碰撞充装在灯管内的氩原子，氩原子碰撞后取得了能量又撞击内部的汞原子，汞原子在吸收能量后跃迁产生电离，灯管内构成等离子态。

2. 高压钠灯

高压钠灯是近二十几年才发展起来的一种较新型气体放电光源，是一种发光效率高、使用寿命长、光色比较好的近白色光源。高压钠灯透雾性较强，适用于各种街道、飞机场、车站、货场、港口及体育场馆的照明。

3. 筑灯

筑灯是一种高压掠气放电光源，其光色接近于太阳光，且具有体积小、制造功率大、发光效率高等优点，故有"人造小太阳"之美称，并广泛用于纺织、陶瓷等工业照明，也适用于建筑施工工地、广场、车站、港口等其他需要高照度的大面积照明场所。

三、电声转换技术

（一）声振动到电振动的转换

1. 话筒

话筒又称"麦克风"（MIC），是传声器件，是一种能将声能转换成电能的装置。话筒种类有碳粉话筒、晶体话筒、动圈式话筒、电容式话筒和驻极体电容话筒等等。

其中，无线话筒是一种带有发射功能的电容式话筒。使用距离在 50~100m 左右，国际上规定其发射频率在 100~120MHz，通常将它分成八个频道，每 2MHz 为一个频道，其中心频率规定为 102MHz、104MHz、106MHz、108MHz、112MHz、114MHz、116MHz、118MHZ。这样两个相邻的教室可以使用不同的频道，互不干扰但要注意，接收机必须带有调频波段，否则是收不到无线话筒的信号。

2. 拾音系统

唱机的拾音系统也属于也声转换装置，声振动转变为机械振动记录在唱片的声槽当中，当唱针接触声槽时，就将机械振动转换成了电振动。

（二）电振动转换为声振动

将电振动转换为声振动是利用了电流磁场能够产生磁力的原理，完成电再转换的器件称为听筒和扬声器。

1. 听筒

听筒是电话、对讲机、手机等通信工具传送声音的一种配件，是扬声器的一种，但一般不叫扬声器。听筒的原理大概是话筒的逆过程，结构也几乎一样。听筒里也有一个薄膜，薄膜连接着一个线圈，同样也有一块永磁铁，特定形式的电流（比如话筒刚刚"编码"完成的电流）流过听筒的线圈，这样就使得线圈产生的磁场发生变化，于是永磁铁和线圈之间的磁力发生变化，永磁铁和线圈的距离会发生变化。这样就带动了薄膜振动，发出声音。

2. 扬声器

扬声器种类很多。如电动式、舌簧式、电压式等，其中以电动式扬声器应用最为广泛，它又可分为纸盒低音扬声器和号筒高音扬声器。

纸盒低音扬声器由永久磁铁、线圈、盒架和纸盒等几部分组成。永久磁铁和纸盒的边缘固定在扬声器的盒架上，在永久磁铁的圆形磁极缝隙里绕有线圈，线圈粘在可动纸盒上，当音频电流通过线圈时，线圈中就产生了随音频电流变化的磁场，线圈磁场与扬声器圆柱形永久磁铁的磁场之间发生相斥或相吸的相互作用，从而产生线圈振动，线圈就带动扬声器纸盒发出声音。这就是电动式扬声器的工作原理。

扬声器纸盒口径大小，决定了扬声器所能放出的最佳声音范围和所能承受的额定功率。一般来说，扬声器的口径越大，所能承受的额定功率也越大，低音也越丰富。

号筒式高音扬声器由发音头和号筒两部分组成，其工作原理与纸盒低音扬声器基本相同，所不同的是发音体不是用纸盒，而是将线圈粘在发音头膜片上。随着膜片的振动，空气以很快的速度通过圆锥形号筒底部的狭缝（也叫音喉）后，再经过圆锥形号筒的声压变换和反射，以一定的传播方向辐射到空气中。

（三）CD-R 刻录盘

1. 一般 CD 盘片的物理特性

CD，Compact discs，不管上面放的是音乐（Audio）、资料（Data）还是其他影音视讯（Video），这些资料都是经过数位化处理，变成 0 与 1，然后再存于 CD 盘片上，其对应的就是盘片上的 Pits(凹点) 与 lands(平面)，所有的 Pits 有着相同的深度与宽度，但是长度却不同，一个 Pits 大约只有半微米宽，大概等于五百粒氢原子的长度。一片 CD 盘片上总共有约 28 亿个 Pits。在此还有一个数字给大家参考，那就是在盘片上的螺旋轨大约围绕中心 2 万圈（以存放满 74 分钟为例）。当 CD 光驱上的激光照在盘片上时，如果是照在 lands 上会有 70%~80% 反射回来，这样 CD 读取头可顺利读取到反射信号，如果是照在 Pits 上，则造成激光散射，CD 读取头无法接收到反射讯号，利用这两种状况就可以解读为数位讯号（0 与 1），进而转换成音乐或资料。一片普通 CD 片的直径是 12 厘米，厚度为 1 毫米，组成部分包括最厚的合成塑胶层，加上一层薄薄的铝，还有一层保护漆层。

2. CD-R 的物理特性

CD-R 盘片具有与一般 CD 盘片相同的外观尺寸。当一片 CD-R 盘片被记录完成后，它上面记载资料的方式与一般 CD 盘片一样，也是利用激光的反射与否来解读资料，这就是为什么 CD-R 盘片可以放在 CD-ROM 上读取，但是其间的原理不同，以下就让我们来探讨下。CD-R 盘片上除了原有 CD 盘片的合成塑胶层与保护漆层外，原来用来反射的铝层改用 24K 的黄金层（纯依材质也可以），另外再加上有机染料层与预先做好的轨道凹槽，有的 CD-R 盘片工厂另外加上了一层供书写用的标签层。

当 CD-R 盘片被记录的时候，光碟刻录机（CD-R）发出高功率的激光打在 CD-R 盘片某特定部位上，其中的有机染料层因此而融化造成化学变化，这再被破坏掉的部位无法顺利反射 CD 光驱所发出的激光；而没有被高功率激光照到的地方可以靠着黄金层反射激光坦。就像前面介绍的一般，CD 盘片上的 Pits 与 lands 同样都以"反射 / 不反射"来记录资料。这就是 CD-R 与一般 CD 盘片相似与区别地方。不同的记录方式，一样的结果，一样的目的：那就是可以通用于所有的 CD 光驱。

四、电化学转换技术

（一）电池

电池分为原电池和蓄电池两种，都是把化学能转变为电能的器件。原电池是不可逆的，它只能把化学能变为电能（放电），故称一次电池；蓄电池是可逆的，它既能把化学能转变电能，又能把电能转变为化学能（充电），故称二次电池，因此，蓄电池对电能有储存和释放的功能。

1. 铅蓄电池

蓄电池品种较多，但以铅蓄电池（也称酸性蓄电池）应用最为广泛，蓄电池也称电瓶。其具有供电可靠和电压稳定等优点。

（1）铅酸蓄电池的主要结构

铅酸蓄电池主要由极板、电解液和外壳三部分组成。电解液由纯硫酸和纯水配制而成，电解液的相对密度 d 和电势 E 的关系可近似用以下经验公式确定：E=0.85d。

电解液面比极板上沿至少高出 10mm，以防止极板糊曲。电解液面应比蓄电池容器上沿低 15~20mm，以防止充电过程中电解液沸腾时从容器内溢出。

（2）铅酸蓄电池的充放电原理

蓄电池放电时，放电电流在电池内部是由负极流向正极，蓄电池内电解液中氢的正离子移向正极板；硫酸根负离子移向负极板，在正极板和负极板上逐渐生成硫酸铅结晶，同时析出水，使电解液相对密度逐渐降低，化学能转变成为电能充电时，充电电流在电池内部是由正极板流向负极板，充电时蓄电池电解液中氢的正离子移向负极板；硫酸根负离子移向正极板。电能转变为化学能。

2. 常用干电池

干电池的种类较多，但以锌锰话干电池（普通干电池）最为人们所熟悉，实际应用也最普遍。锌锰干电池分糊式、迭层式、纸板式和碱性型等数种，以糊式和迭层式应用最为广泛，如甲号、一号、二号、三号、四号、五号、七号干电池。

3. 微型电池

微型电池是随着现代科学技术的发展，尤其是随着电子技术的迅猛发展而兴起的一种小型化的电源装置，它既可制成一次电池，也可制成二次电池。微型电池分为两大类：一类是微型碱性电池，品种有锌铤化银电池、求电池、锌银电池、锌空气电池等；另一类是微型锂电池，品种有锂钵电池、锂碘电池、锂钠酸银电池和锂氧化银电池等。微型电池主要应用在手机、手表、电脑、计算器等。

（二）电镀

电镀可分为直流电镀、周期换向电镀和脉冲电镀。自流电镀是一种在直流电流作用下，溶液里的金属离子不间断地在阴极上沉积析出的过程。

（三）电解

在电工技术中，高纯度（99.97%）铜具有最好的导电性，而生产高纯度的铜常采用电解的方法。在电解中，用（$CuSO_4$）作电解质，阳极由纯度差的铜制成，阴极由电解铜板制成，阳极与阴极之间加上自流电源，于是铜离子在阴极获得电子还原成铜沉积在阴极上而形成高纯度的铜；阳极的铜则失去电子转变铜离子而溶于电解液中，这就是电解铜的提炼过程。

铝也是良好的导电材料，自然界中存有大量的 Al_2O_3 资源。大约在 950℃ 的温度下可以从 Al_2O_3 中得到电解铝。

第二节　基于 FACTS 的电力电子换流器件

一、静止无功补偿器（SVC）

SVC 是一种并联无功发生器或者吸收器，它能够调节感性或容性电流，使电力系统满足特定的运行参数。

SVC 主要应用在 AC/AC 转换中来提高功率效率，可以达到以下目的：

（1）减小系统波动；

（2）大干扰下，获得非线性增益以提高相应速度；

（3）晶闸管控制电抗器绕组直流电流消除；

（4）逆序平衡；

（5）晶闸管控制电抗器过电流保护；

（6）二次过电压保护。

二、静止同步补偿器（STATCOM）

静止同步补偿器（STATCOM）由耦合变压器和带有控制系统的电压源换流器（VSC）组成。直流电源可以由电容器或者蓄电池提供，更多时候我们使用电容器。换流器的控制一般是让它的输出电流超前或者滞后电压 /2 相位。当电流相位滞后电压时，STATCOM 作为无功电源，发出无功；反之，吸收无功功率，这里 VSC 中有功功率的损耗忽略不计。VSC 的控制系统会改变电压的大小，无功功率随在特定的工作模式（消耗无功模式或发出无功模式）下的改变而改变，也就是说无功功率值的调整范围可以从 100% 容性到 100% 感性。它可以通过电压的改变来实现，改变范围取决于 VSC 的控制系统。

SVC 和 STATCOM 工作原理的主要区别是 STATCOM 的输出也压不依赖于系统的电压值 V1，而 SVC 的输出电压则是由系统电压决定的。

STATCOM 在三相对称系统中另一个重要的应用是可以单独控制每相电压的幅值和相角，产生正序和负序电压，因此系统中的负序电流就可以通过调整 STATCOM 输出电压的相角和幅值来控制减少，即使是负序电压（电流）存在于公用系统电压之中，这种方法也是可行的。

STATCOM 的一个很重要的特点就是在两种工作模式下（感性模式或容性模式）都能保证其输出电流大小恒定。即使是在系统电压出现巨大波动的时候（比如系统电压骤降）。以上是通过使用 VSC 的控制系统改变输出电压而实现的，简而言之，STATCOM 具有以下特点：

（1）低电压水平下维持无功电流的稳定，因为它具有本质电流恒定特性。然而 SVC 具有定阻抗特性。

（2）占用面积减少到 SVC 所用的 40%。

（3）储能，前提是用电池代替电容器。

（4）用作有源滤波器。因为每一次开关动作都可以滤掉相应的谐波。

三、晶闸管可控串联补偿器（TCSC）

TCSC 的工作原理是利用电力电子的方法改变线路的阻抗，使其低于或者高于其本来值的大小。

四、静止同步串联补偿器（SSSC）

SSSC 由一个换流器、一个电容器和一个变压器组成，其电压和电流开始终保持兀/2 的相位差，或超前或滞后，以实现串联补偿。SSSC 向线路注入电压，线路的电抗会发生改变。电压上的值也是可调的。母线 1 向母线 2 输送的有功功率随着 Vq 而改变。

五、统一功率流控制器（UPFC）

UPFC 是由 STATCOM 和 SSSC 在直流侧连接而成，连接处的电容器使得能量可以在 STATCOM 和 SSSC 的输出之间双向转换。

UPFC 有两个连接到线路的电源逆变器（VSI）——第一个逆变器通过并联变压器连接，第二个通过串联变压器连接。

换流器 2 工作在"自动功率流控制模式"下。逆变器向对称三相系统注入电/Erc2，改变电路电压的幅值和相角，调整线路中流动的有功功率和无功功率，因此，有功功率和无功功率作为逆变器控制系统的参考量。换流器工作在"自动电压控制模式"下电流心由有功部分和无功部分组成。有功部分和线路电压同相或者滞后相位 π，无功部分超前或者滞后线路电压 π/2 的相位，如果让换流器 2 提供有功功率，那么电容器两端的电压值就会下降。换流器 1 的控制系统负责保持电容器两端的电压值恒定，这时电流中的有功部分和线路电压同相位，电容 C 充电。如果换流器 2 消耗有功功率，电容器两端的电压就会上升，这时 /0 的有功部分会滞后线路电压相位；有功功率输送给线路。无功部分根据参考值进行调节，并不受其他条件限制，参考值有感性参考值和容性参考值，在保证电压稳定的前提下，由参考值决定是向输电线路发出无功还是吸收无功。

由上述可知，换流器 2 的典型工作模式是作为 SSSC 使用，而换流器 1 作为 STATCOM 使用。功率流变化时，需要换流器 1 来保持电容器两端电压心的稳定

由两个换流器组成的系统工作在相应模式下时，一定会出现额外的有功损耗，损耗主要出现在功率换流器电路和变压器中。

第三节　输变电在线安全运行控制技术

智能电网对输变电在线安全运行控制技术的要求与传统电网相比将发生很大的变化。首先，对在线安全监测及状态信息获取等方面，不同于传统电网的局部、分散、孤立信息，对于智能电网而言，其所监测的状态信息具有广域、全景、实时、全方位、同一断面、准确可靠的特征。由于电网是统一协调的系统，未来智能电网的状态监测需要通过对涵盖发电侧、电网侧、用户侧的状态信息，进行关联分析、诊断和决策。

因此，智能电网的在线安全监测必须是广域的全网状态信息。其次，电网运行状态不仅依赖于电网装备状态、电网实时状态，还与供需动态及趋势，甚至自然界的状态相关。因此，未来智能电网的状态监测信息不仅有电网装备的状态信息，如输变电设备的健康状态、劣化趋势、安全运行承受范围、经济运行曲线等；还应有电网运行的实时信息。如机组运行工况、电网运行工况、潮流变化信息、用电侧需求信息等；还应有自然物理信息，如地理信息、气象信息、灾变预报信息等。因而，智能电网的状态监测信息应是全景、实时、全方位的。同时，智能电网必须要求对所获取的全网实时数据进行快速的筛选与分析，迅速、准确而全面地掌握电力系统的实际运行状态，同时预测和分析系统的运行趋势。对运行中发生的各种问题提出对策，并决定下一步的决策，为输变电系统的安全运行保驾护航。

一、高级保护与控制

随着互联电网区域的扩大、交换容量的增加、电网电压等级的提高，电力系统运行和控制更加复杂，出现故障和不稳定的概率大大增加，对继电保护和安全自动装置要求越来越高。国外电网数次大停电事故的发生并不是因为继电保护和安全自动装置误动作，恰恰相反，它们都能正确动作，但是仍然不能避免大规模停电矿故的发生，其原因就在于它们之间缺乏相应的配合协调，基于本地量的装置可以反映区域电力系统的运行状况。在全国联网的超大型电网形成后，我国电网在运行过程中也可能会遇到类似国外大型电网的问题。为了维护大型电力系统的安全性和稳定性，避免发生大停电事故，我国必须加快广域保护原理研究进程，尽快实现广域保护系统的实用化，将继电保护系统由目前的"点"保护提升为能适应电网互联要求的"面"保护。此外计算机及通信计算的发展，为建立更完善的保护控制系统提供了条件，基于广域测量系统的广域保护成为当前电力系统的重大前沿研究课题之一。

基于相量测量单元的广域测量系统实现了互联电网多点同步运行状态的实时监测，满足了电网实时监测系统所提出的空间上广域和时间上同步的要求。WAMS 在电力系统中的成功应用，为广域保护的实现提供了技术条件。

（一）广域保护的发展

瑞典学者 Bertil Ingelsson 于 1997 年最早提出广域保护的概念，主要用来预防电压崩溃，完成的功能是稳定控制功能。该系统基于 SCADA 系统建立，数据传输速度慢，由于数据传输速度较慢，所以该系统满足不了继电保护的要求。日本学者随后将广域保护的概念与继电保护相结合，提出使用 GPS 信号进行对时，通过专用的光纤信道传送多点电网状态信息。广域保护的概念一经提出，立即受到广泛的关注。1998年的 IEEE 国际会议上还专门设置了"广域保护与紧急控制"的专题，讨论了使用广域信息完善紧急控制的方法，此后，ABB 公司的 Mehmet Kaba 等工程师提出利用广域信息系统实现在线的安全评估功能，同时完成继电保护、测量监视和控制等功能。

国内在这一领域的研究起步较晚，直到最近一两年才陆续有相关的论文发表，纵观国内外关于广域保护理论的研究，目前提出的广域保护系统可以分为两类：一类是利用广域信息，主要完成安全监视、控制、稳定边界计算、状态估计、动态安全分析等功能，其侧重点在广域信息的利用和安全功能的实现；另一类则是利用广域信息完成继电保护功能，将继电保护系统由目前的"点"保护提升为能适应电网互联要求的"面"保护，但是目前多数论文进行的只是概念性的讨论，对具体问题如系统结构、通信网络配置、广域保护及控制算法等方面并没有进行详细深入的分析，尚未形成完整的理论体系。在广域信息的采集以及利用广域信息实现电网安全稳定控制方面，国内外已经有了实际运行的系统，但广域保护系统的构建和保护策略的制定均比较复杂，实现所有功能的广域保护还有一定困难。

（二）构建广域保护系统的技术条件

只有为电网配置广域保护系统，利用电网多点信息，实现保护装置之间动作的协调配合，避免出现因切除故障引起潮流转移而导致保护装置连锁跳闸造成整个系统停电的现象，电网广域信息是广域保护系统保护策略制定的依据，因此，实时、快速地收集并处理整个电网的信息是实现广域保护的基础。计算机技术和网络通信技术的高速发展为广域保护的实现提供了技术条件，在电力系统中则表现为微机保护装置和 WAMS 的高速发展及广泛应用。微机保护装置为广域保护系统提供了功能平台，WAMS 则为广域保护系统提供了通信平台。

1. 微机保护的发展

微机继电保护可以说是继电保护技术发展历史过程中的第四代，即从电磁型、晶体管型（又称半导体型或分立元件型）、集成电路型到微型计算机型微机保护，具有强大的计算、分析和逻辑判断能力，有存储记忆功能，因而可用以实现任何性能完善且复杂的保护原理。微机保护装置可连续不断地对本身的工作情况进行自检。其工作可靠性很高。此外，微机继电保护可用同一硬件实现不同的保护原理。这使保护装置的制造大为简化，也容易实行保护装置的标准化，微机保护除了具有保护功能外，还有故障录波、故障测距、事件顺序记录，以及与调度计算机交换信息等辅助功能，这对于事故分析和事故后的处理都有重大意义。20 世纪 90 年代以来。微机保护已经成为我国继电保护系统的主体，随着计算机技术的飞速进步，微型计算机体积更小、功能更强大，使得微机保护能够在确保保护功能相对独立的前提下，保护装置的软硬件资源还有富余，能进行其他功能扩展，例如，往微机保护的硬件平台上，可加入远方通信功能，实现不同地点保护装置的信息共享，有可能在此基础上达到保护之间动作协调配合的目的。

2. 广域测量系统的应用

广域测量系统是近年来电力系统领域中研究的热点问题。WAMS 可以在同一参号时间框架下捕捉到大规模互联电网各地点的实时稳态 / 动态信息，由于引入了 GPS 同步时间信号，WAMS 在广域信息采集过程中解决了 ' 时间同步问题，这些信息给大规模互联电力系统的运行与控制提供了新的思路。WAMS 可看作仅针对稳态过程的传统的监控与数据采集系统的进一步延伸，WAMS 的基本功能单元是分布于电网各节点的同步相量测量单元，各个 PMU 将节点的电网运行信息通过实时通信网络上传给监测中心站，中心站的广域电网实时运行数据可用于电力系统稳态及动态分析与控制的许多领域，如潮流计算、状态估计、暂态稳定性分析等。

（三）广域保护的原理

从上一节的分析可以看出，微机保护的发展和广域测量系统的应用为广域保护的实现提供了技术条件。广域保护系统应由具备远程通信能力的保护终端装置和可靠的高速实时通信网两部分组成，广域保护系统下的保护终端能够通过实时通信网络交换不同位置的保护信息，按照广域保护的动作策略，实现空间上广域分布的保护装置间动作的协调配合，从整个电网安全的角度优化不同保护之间动作配合，将继电保护系统由目前的"点"保护提升为能适应电网互联要求的"面"保护。由于保护终端之间能共享广域信息，广域保护系统除了包含传统的继电保护功能外，还应该具备安全紧急控制功能。紧急控制是指电力系统在大的扰动或故障下维持稳定运行和持续供电所采取的控制措施，如切机、快关汽门、电气制动、切负荷、解列等措施，有效控制时间大约为几百名秒，与继电保护不同的是：继电保护在故障（无论是瞬时性故障还是永久性故障）发生后，不管延时多少，一定会作用于跳闸来隔离故障；而紧急控制装置则在某条线路故障或扰动发生甚至保护动作后，不立即动作，而是先进行整个系统稳定的定量判断，若系统稳定，则闭锁紧急控制装置；若系统失稳，则采取相应的量化控制措施，而控制措施越早越有效。广域保护系统和传统继电保护都以快速可靠的切除系统故障为己任，但广域保护与传统继电保护的最大区别在于，传统继电保护较少考虑系统稳定性，而广域保护在保证电气设备运行安全和系统暂态稳定性的基础上，还着重考虑电网互联时各保护装置动作的协调和配合，保证故障切除后不发生大规模的连锁跳闸和系统崩溃现象。鉴于继电保护可靠性和独立性的要求，现行的主保护基于本地量进行故障判断，简单可靠。其作用是不可取代的。广域保护主要作为系统主保护的后备保护，考虑到广域保护的通信网络万一出现故障等紧急状况，广域保护应该可以退出运行，而只留下传统继电保护和安全稳定控制装置独立来保护电力系统。

（四）广域保护的应用前景

基于广域测量系统及动态安全分析技术的广域保护应用前景广泛，主要体现在以下几个方面：

1. 系统监测及事故记录。广域测量系统记录下的数据可用来复现事故过程，评估保护动作，从而改进系统发生类似故障的安全性。

2. 状态估计。由于 PMU 能提供实时、同步的电网运行数据，将 PMU 提供的量测量和 RTU 的量测量一起加到状态估计中可以增加冗余度。如果能充分利用统一时标的信息，基于 WAMS 的系统状态估计的精度将大幅度提高。

3. 与传统保护和 SCADA/EMS 系统的整合。传统的线路及装置保护的任务是将故障与系统隔离，快速性是其最基本的要求之一、而广域保护因为需要通信并进行相对复杂的计算，在时间上很难达到传统保护的要求。因此，广域保护并不能替代传统保护，但另一方面，广域保护将系统作为一个整体考虑的优势也是传统保护所不具备的。广域保护可以作为线路和装置保护的后备保护。若能利用广域保护对系统运行状况的计算结果实时修改保护的门槛值，就能有效防止级联非故的发生。此外，利用广域保护或可以实现自适应的纵联保护、距离保护、自动重合闸及失步保护等。

4. 与多 Agent 体系结构相结合。Agent 是一些具有自主性、社会性、反映性、目的性和适应性的实体，多个 Agent 可以构成多 Agern 系统。它们之间共享信息、知识及任务描述，多 Agent 通过单个 Agent 的能力及某种通信方法来协调它们的作用、分配和收集信息，以实现总体目标。多 Agcnt 体系结构可以使广域保护系统更加开放、更具模块化，还能缓解对通信系统的压力，增强对大事故的处理能力。

5. 建立新的信息交换及预警机制。分析北美电网一年的扰动次数可知，在扰动发生时，一方面，调度员对系统状况特别是相邻电网的状况缺乏了解，这使得在事故扩大的过程中，调度员不能有效地采取措施；另一方面，扰动发生时，对于纷纷响起的各种报警信息，调度员往往不知所措，很难辨别系统当时真正的状况。因此。需要建立新的信息交换系统，实现各区域间关键数据的交换；同时，在扰动发生时，实现信息的过滤，仅将最重要的信息反馈给调度员。

二、电网运行状态认知现状

电力系统中的数据庞大而复杂，必须通过监视一系列的运行指标，如频率、电压和潮流，来认知电网的运行状态，同时运行人员需要根据这些指标的状态对电网实施合理有效的调度和控制。因此，建立一个科学、合理和全面的电网运行状态认知体系对客观、准确地掌握电网的运行状态至关重要。下面分别从国内和国外两个方面对电网运行状态认知现状进行分析。

（一）国外电网运行状态认知现状

1.美国电网运行模式

美国电网主要分为三个独立的同步交流输电网络，即西部电网、东部电网和得克萨斯电网。1967 年，美国成立了北美电力可靠性理事会。NERC 和它的八个地区可靠性理事会建立各种标准技术规范和协议来确保三大电网各控制区域的和谐、协调和可靠运行。电网的运行控制则由独立电网运营者或者地区输电组织来实施，各个 ISO 和 RTO 的分布与地区性可靠性理事会的分布基本一致，并根据相对应的可靠性标准制定各自的运行规程。这些电网运行机构之间相互合作，而不是相互竞争。

2.欧洲电网运行模式

欧洲电网采用跨国联网运行模式，为保证互联电力系统的安全运行，欧洲大陆各输电系统运营公司组成了欧洲输电协作联盟，旨在协调欧洲电网的运行，并制定相关准则和规范，用以规范各电力公司行为。

自从 20 世纪 90 年代以来，欧洲电力系统逐步实现市场竞争自由化，电网运行主要分为三个相互独立的部分进行操作：

（1）发电公司，负责向 UCTE 电网发电，并支持 TSOS 的运行操作。

（2）输电系统运营公司，负责输电部分的安全运行，保证电力的供需平衡，并且在各国的电网运行操作中相互协调。

（3）配电网运营公司，负责向用户输送电。

3.欧美国家电网运行指标体系

在欧美国家的各个电网机构所制定的运行准则和规范中，体现了它们所监视的运行指标、指标状态的划分和在此基础上对系统整体状态的认知，以及在不同运行状态下的应对措施。通过梳理各种电网可靠性标准和运行规程，可以总结出国外电网运行认知现状的以下几个特点。

电网运行中需要监视的指标有以下几个：

（1）电压指标：全面的电压指标不仅要考虑到电压幅值、合理的电压分布和电压稳定性，还要考虑到故障前和故障后对电压的不同要求。

（2）潮流指标：潮流指标包括输电线路和变压器等输电设备是否过载。不同控制区域间的潮流转移是否越限，对潮流也要分析故障前和故障后的情况。

（3）频率指标：要保持互联电网的稳定安全运行必须将频率控制在允许的范围之内，一旦频率出现异常，应及时采取有效的措施。

（4）备用指标:备用与系统中发电量和负荷情况息息相关，同时又直接影响频率稳定。

（5）发电量、负荷指标：这两个指标用以判断系统中备用的情况，同时也影响系统中的自然潮流。

（6）ACE 指标：ACE 指标是电力系统中衡量发电量和负荷之间不平衡程度的一个指标。因此对系统频率有着重要的影响。

（7）时间偏差：时间偏差是在一段规定的时期内。实际频率与额定频率之间偏差的积累情况。当时间偏差超过一定限值时，电网运行机构就要采取措施。

（8）不当交换：不当交换是在某一控制区域内网络实际交换值与额定交换值之差，也是反映频率偏差情况的指标。

（9）稳定性指标：稳定性指标包括静态稳定、暂态稳定和动态稳定三方面，电压和潮流的越限都有可能导致系统失稳。

（10）无功源指标：无功源指标包括旋转无功源和静止无功源，而系统中的无功源是否充足，决定了电压是否可调。

（11）网络拓扑指标：线路检修、机组停运、新增线路或机组等都会引起的电网拓扑结构的变化，从而改变系统的潮流和电压。

（12）天气 / 环境指标：恶劣的天气和突发事件可能威胁到电力系统安全稳定运行，同时天气情况对负荷预测提供帮助。

（13）通信 / 自动化等设备指标：SCADA 系统和自动控制系统出现故障，可能会造成运行人员判断错误，甚至是误操作，进而影响系统的稳定运行。

（14）邻近系统指标：电力系统是互联运行的，当邻近系统出现问题时，会直接影响到本系统的运行情况。因此当邻近系统出现异常情况时必须及时采取措施，以免危及本系统的正常运行。

（二）国内电网运行状态认知现状

目前，我国电网调度中心重点监视的运行指标有以下几种：

1.频率指标，主要是对系统中的某几个点的频率进行采样，作为整个系统的频率，并且对频率指标有一套考核体系，分别对一次调频、二次调频、备用和 ACE 进行考核。

2.备用指标，有功备用与频率密切相关。当系统频率正常而系统内旋转备用不足时，也需要采取相应的预防性措施保证频率不会出现异常。因此，备用也是必须关注的指标之一。

3.ACE 指标，反映系统频率是否健康的指标之一。

4.电压指标。以华东电网为例，其主要职责是控制 500kV 的厂站，根据每一季度发电和负荷的实际情况，制定出所管辖厂站的电压限值表，用以判定系统的电压状态并采取应对措施。

5.潮流指标，主要是依据各条线路或各个主变的有功潮流极限值进行监视。当潮流在极限值范围之内，认为系统潮流是稳定的，而当潮流越限，则认为不稳定，需要采取应对措施。

6. 负荷预测。提前一天制定未来一天的负荷情况，主要目的是使运行人员大致把握当天的荷峰时间，了解系统中的备用情况并进行适当调节。

从我国电网所监视的运行指标来看，考虑得还不够全面，例如：

（1）对电压指标只是监视电压的幅值，没有分析故障前和故障后的情况，也没有考虑电压的稳定极限或崩溃点，这可能导致对电网状态的认知过于保守。

（2）一些指标尚未纳入电网认知体系之中，如天气、通信设备等间接影响电网运行的指标，而对这些指标的遗漏就有可能造成对运行状态的错误判断和操作。

（3）对于监视指标的状态划分比较粗略，很多情况下都是根据经验进行判断。而指标划分的依据，都是通过离线计算得出，实时性不够。因此，对电网状态的认知也就不够准确。

（4）在不同的电网运行状态下，所监视或者控制的指标并没有一个侧重点或者优先级，一般情况下，对首先出现问题的指标或者越限情况最为严重的指标先进行控制。因此，目前监视的运行指标还比较散乱，未形成合理的电网状态认知体系，对现有指标的状态认知也缺乏相应的理论研究支持。

三、交直流系统协调控制技术

（一）传统交直流系统协调控制策略

近几十年来，国内外学者在交直流协调控制技术问题如多机系统 PSS 参数优化等方面进行了大量的研究工作。线性最优控制理论、梯度法及线性规划等优化方法都被应用到这个问题中，但它们或者依赖于大量状态反馈和经验加权参数，或者需要训练样本，有时对初值较敏感而且容易收敛于局部最优值。现代全局优化方法如模拟退火、禁忌搜索和遗传算法等逐渐被用于电力系统协调优化问题中。近年来国内外对交直流协调控制技术的研究主要集中在以下几个方面：

1. 基于线性控制理论的交直流系统协调控制

基于线性控制理论的交直流系统协调控制发展相对成熟，针对简化的交直流系统模型设计协调控制策略，较普遍的方法是通过改进直流紧急功率控制和直流调制技术实现多向直流系统相互协调，主要包括下面几方面：

（1）功率紧急提升/降低实现交直流系统的协调控制。由于直流系统具有快速改变输电功率和很强的过负荷能力，因此可以根据直流系统之间的电气关系，制定各直流系统功率控制策略，实现多回直流系统相互支援和协调。

（2）直流调制实现交直流系统的协调控制。直流输电系统带有多种调制功能。对于多回直流系统而言，根据各自改善某一特定振荡模态为设计目标的调制控制器在共同作用下有可能削弱整个系统的阻尼特性，因此通过优化各直流调制控制器，可以在一定程度上实现交直流系统的协调控制，改善系统在不同扰动情况下的阻尼特性。

2. 基于非线性控制理论的交直流系统协调控制

交直流系统具有强非线性特征。基于线性控制理论的控制器是根据系统在某个运行点线性化模型设计的，在大扰动下，这些控制器存在无法达到控制目标的固有缺陷，国内外学者很早就将非线性控制方法引入交直流控制研究中。

（1）基于反馈线性化理论的协调控制。反馈线性化方法可分为状态反馈线性化法和输出反馈线性化法。由于状态变量能够全面反映系统的内部特征，因此采用状态变量作为反馈信号能有效解决线性系统线性化问题；但是，状态变量往往不能从系统外部直接测量获得，这就使状态反馈线性化的实现过程较为复杂，系统的输出变量通常易于测量且一般具有明确的物理意义，所以输出反馈线性化是一种易于在工程应用中实现的方法；但由于输出变量有限，不能全面描述系统的状态，输出反馈线性化方法在实际应用中存在困难。因此，在非线性控制工程应用中需要解决输出变量与状态变量之间相互替换问题。

（2）复杂控制方法在交直流系统协调控制中的应用。现有的控制理论是基于被控对象数学模型来设计反馈控制系统的。期望的性能指标能否实现，取决于模型的精确程度。而在工程实施中，系统数学模型往往与实际存在较大误差，因此控制器的有效性值得怀疑。在交自流系统控制研究领域，为了达到更好的控制效果。各国学者将非线性系统线件化方法与最优控制、自适应控制、模糊控制、售棒控制、变结构控制等方法相结合，形成了许多新方法。

3. 基于分散控制理论的交直流系统协调控制

就交直流系统整体而言。协调控制策略的实现仅仅从局部稳定性出发是不够的，但考虑全局稳定性时，必然带来控制策略设计困难和采用远方或非可测信号程实现困难的新问题。因此，近年来许多学者将分散控制理论应用于对交直流系统控制研究中，使得控制系统不反馈远方信号即能实现控制目的，现有实现协调控制的算法很多，主要分为基于最优思想的协调控制、基于无源系统稳定控制的鲁棒控制算法以及基于模糊神经网络的分散协调控制算法。其中基于最优控制思想的分散协调控制主要分为基于线件控制理论的分散控制方法和基于非线性控制理论的分散控制方法。

（二）交直流并联广域阻尼控制技术

随着广域测量系统的出现和发展，研究和实现基于 WAMS 信号的全局信息反馈与控制成为可能。为解决以上两个问题，已有众多学者提出要进行利用广域测量系统的电压稳定和暂态稳定紧急控制的研究。

WAMS 对大范围的电网动态具有良好的可观性。WAMS 的应用研究已经有了丰富的成果，其建设在中国、美国、加拿大、欧洲都达到了相当的规模，技术已较为成熟。

将 WAMS 的信号与发电机 PSS、可控串联补偿装置、直流调制等控制手段结合起来，发展了广域控制 WACS 技术；由于 WAMS 信号可以大大提升控制器影响大区域电网动态行为的能力。WACS 近年受到电力系统理论界的广泛关注。在 WACS 的设计和整定方面已有大量研究成果，工业界也积极研发 WACS 的相关技术。

（三）交直流系统协调控制技术的应用

长久以来，通过调制直流功率改善交流系统的稳定性就是电力系统理论研究界以及工业界的热门话题之一。围绕直流调制抑制系统低频振荡的机理分析、调制控制器的输入信号选择、控制器参数整定等已经有众多研究成果，美国西部太平洋 AC/DC 系统在通过直流调制增强并联交流系统稳定性方面已经有多年的成功经验。日本、印度、瑞典等国家也建设了多条交直流互联线路，并对多馈入直流输电系统的无功需求以及换流站无功补偿对电压稳定的影响做了较为深入的研究。

随着三峡工程和西电东送工程的实施，越来越多的大规模交直流互联系统，如南方电网和华东电网的多馈入直流系统（交直流）在我国电网中出现。目前，中国华东和华南已成为交直流系统，西电东送工程和特高压交直流电网的建设将使这些地区的直流落点个数继续增多，密集程度和输电规模世界罕见。目前，南方电网的 WAMS 系统已经建成为发挥多回直流调制以及 WAMS 系统的强大能力。研发新的更有力的交直流并联大电网阻尼控制技术、加强应对区域间低频振荡的能力，南方电网 2005 年启动了"多回直流基于广域信息的自适应协调技术研究"项目。历时 3 年，世界上首个交直流广域阻尼控制系统——"多直流协调控制系统"已经在南方电网投入试运行，并且成功经历了首次闭环扰动试验的考验。

（四）交直流系统协调控制技术的关键技术与科学问题

1. 传统交直流协调控制技术的关键技术

交直流协调控制技术已取得了不少研究成果，然而就目前的研究和应用水平而言，还存在一些不足的地方。主要表现在以下几个方面：

（1）对于电力系统中各种控制器之间的协调研究，虽然已有关于 FACTS 装置之间以及 FACTS 与 PSS 同时协调的研究。然而其方法大多基于小干扰分析，要求系统的线性化。线性化方法不能很好地捕获系统复杂的动力学特性。特别是在严重故障期间。这就使在小干扰下可以提供期望性能的控制器在大扰动下不能保证良好的性能。

（2）现有的协调控制算法需要系统模型的精确表示，其控制量与系统参数密切相关，对于系统的参数不确定性以及运行方式的变化不具有广泛的适应性。因此，有必要研究对系统参数以及扰动不确定具有鲁棒性的协调控制算法。

（3）交直流混合互联电力系统是强非线性大系统，由于系统规模庞大，现有分散协调控制算法设计控制器时一般采用发电机与直流系统的简化模型，没有考虑发电机以及直流系统故障中的复杂动态行为，这些未建模动态使得现有控制算法难以取得理想的控制效果。

（4）虽然现在对广域测量系统研究以及应用日趋深入，但困难在于和稳定控制系统结合导致对如何利用这一系统进行稳定控制的研究很少，而集中于利用这一系统对电力系统进行稳定分析和在线稳定评估。

（5）现有分散协调控制算法大都针对励磁系统与 FACTS 装置之间的协调，对流系统之间的协调控制研究较少，对出流系统与励磁系统之间的协调控制研究也较少。而按照我国电力系统规划。到 2020 年左右，我国将形成巨型交直流混合系统，有必要针对直流系统之间的协调以及直流系统与励磁系统或其他 FACTS 装置之间的协调进行研究。

2。广域阻尼控制的若干关键技术

（1）广域控制反馈信号的选择。如何选择反馈信号是阻尼控制器设计的一个重要问题。在传统的发电机 PSS 设计中，反馈信号仅局限于本地的转速及功率等信号，单纯的信号选择问题并不突出。广域测量系统逐渐成熟后，可供选择的信号范围扩展到全系统，基于广域信息的反馈信号的选择已发展成一个新的问题。

近年来，国内外理论界在广域控制的选点和选信号也有了大量研究。模态的可控性、可观性、相对增益阵列以及 Hankel 奇异值等理论都被用来作为选点和选信号的指标。

（2）广域时延的影响以及处理技术。广域控制是一种网络控制，广域通信网络的通信延迟是广域控制系统设计中必须考虑的问题。研究表明，延时的引入会降低控制系统的阻尼效果，甚至引起系统的不稳定，除了众多研究已经指出的广域通信时延造成的相位偏移，时延还会在广域控制网路中引发高频振荡现象。

为解决广域控制系统的时延问题，理论界提出了很多方法，例如，LMI 和增益调度相结合的广域阻尼控制器设计方法；利用 Pade 近似将时滞项转化为有理多项式去掉时滞项的方法；利用 Smith 预测补偿延时的影响的方法。上述方法由于对精确数学模型的依赖而很难直接应用于大电网之中。因此，必须着重研究延时的在线测量和固定技术，通过在反馈信号以及输出指令中打入 GPS 时间标签等适当方法获得实时的广域时延，并通过适当增加延时的方法保证通道延时不稳定时广域控制系统输出的连续指令的平滑性；在控制器中针对广域时延引发的相位偏移应专门设置了相位补偿器；针对延时引起的高频振荡现象应专门设计灌波器，采用减小系统开环截止频率提高了系统的相位裕度，消除高频自发振荡现象。

（3）控制器参数的自适应调整，随着网络结构和系统运行点的变化，区间低频振荡的频率会发生改变，如果控制器不随之加以调整，则有可能导致控制效果的恶化。

（4）广域控制的实时数据处理技术。广域控制系统在数据的存储及处理方面有一极高的要求：来自数个乃至数十个 PMU 的数据以高速上传至中央控制站，由于网络情况不同，这些数据达到的时间也不同；中央站需要实时处理这些数据、实时生成控制指令，并能够兼容较大的数据到达时间差。

（5）广域集中式控制系统的可靠运行技术以及多直流协调控制系统的软硬件实现。为保证协调控制系统的可靠运行，应开发一套系统的异常情况处理技术。控制中央站应包括两层防误逻辑：第一层为冗余处理逻辑。当 PMU 所上传的广域反馈信号出现异常，中央控制站将切换到备用信号源；第二层为控制器闭锁逻辑。当电网或控制器或广域通信网出现重大异常时，控制中央站将停止下发指令，原有输出信号按一定速率归零。

3. 交直流协调控制系统的科学问题

（1）换相失败

换相失败是直流输电系统最常见的特有故障。它将导致逆变器直流侧短路，使直流电压下降、直流电流增大，若采取的控制措施不当，还会引发后继换相失败，严重时会导致直流系统闭锁，中断功率传输。对于多馈入系统，由于各逆变站之间的电气距离较近，交直流系统中存在着复杂的相互作用，这给换相失败的研究带来重大影响，如交流系统发生故障后，是否会导致多个逆变站同时或相继发生换相失败；某一直流系统发生换相失败或闭锁故障后，是否会引发其他逆变站换相失败或闭锁；换相失败后各逆变站应按照怎样的次序才能最快恢复，恢复时间需要多久；换相失败后，直流系统和交流系统应采取怎样的控制措施才能最大限度地保证系统的安全稳定运行等。

（2）直流系统故障后恢复

在多馈入交直流混合电力系统中，对于交流系统而言，直流输电系统可被看作一个具有快速动态响应的负荷或功率源。交流系统故障切除后直流输电系统的快速恢复有助于缓解交流系统的功率不平衡，提高交流系统的稳定性，但有时过快的直流功率恢复却又可能导致后继的换相失败和交流系统的电压失稳。

（3）多直流馈入对本地无功支持需求

多馈入直流输电系统中的交直流系统间的相互作用十分复杂，交流电力系统的功用稳定性及电压稳定性都与直流系统密切相关。由于直流系统控制系统的响应速度为毫秒级，远高于交流系统的常规控制器。因此当故障发生后，直流系统闭锁造成功率的迅速停送将会导致交流系统的动态性能恶化。由于多馈入直流系统的 AC/DC 和 DC/DC 系统的相互作用，使整个系统的新态、中期和长期的动态特性、稳定分析和控制协调十分复杂，加之缺乏可借鉴的运行经验，多馈入直流电力系统面临以下无功问题：

一是当某个直流系统故障或恢复过程中使得换流母线产生无功问题或电压波动时，是否会引起其他直流系统同时或相继产生无功问题，进而产生大停电事故。

二是当某条交流母线发生故障时，是否会引起某个或某几个直流系统产生无功问题，进而引起电压稳定性问题导致电力灾变。

三是若存在上述问题，采取何种无功补偿类型。其无功补偿的控制措施如何制定，以及如何调整直流控制器的控制策略，使得系统满足无功需求及其他稳定性问题的要求。

四、输变电系统无功电压控制技术

传统的无功电压控制技术虽然能够基本实现无功电压自动调节，但是调节范围往往过大，无法满足无功功率就地平衡的基本原则，而且无法解决无功补偿地点和补偿额度不正确的问题，同时，传统的无功电压控制装置具有分散分布性。它们没有集中控制和收集信息的装置，因此各个无功电压控制装置之间没有任何的信息交换和互动。

为了适应能源系统的接入以及无功电压控制智能化的要求，建设智能化 AVC 系统成为当前的最新研究方向。智能化 AVC 系统与传统 AVC 系统的不同之处:（1）控制目标不同。传统 AVC 控制系统中有的偏重于使有功损耗最小，有的偏重于保证电压的稳定性，还有的考虑了若干个因素。而智能化 AVC 就是要充分考虑所有因素，结合智能寻优算法，实现全网全局最优化控制。（2）控制对象不同。传统 AVC 通过控制发电机的无功功率、变压器分接头和投切电容器来实现无功功率控制。而智能化 AVC 是在此基础上综合晶闸管控制串联补偿电容（TCSC）、静止无功功率补偿器（SVC）和其他灵活输电装置。智能 AVC 不仅能够快速有效地实现传统 AVC 无法实现的目标，而且还可以协调控制电网全局电压以及局部电压。

智能 AVC 的主要特点有:

1. 建立自主分层的 AVC 系统。建立电厂侧、输电侧、配电侧和用户侧的分层控制体系。各层有自己的控制目标，同时相互协调。鉴于这种分层结构与多智能体系统（MAS）的体系结构十分相似，应研究如何将多智能体技术应用在智能 AVC 的分层控制领域，建立符合未来电网发展需要的智能 AVC 分层控制模型。

2. 对电网的精细分析。由于电网本身的结构和运行方式在不断变化，所以该智能 AVC 系统应该能够自动感知电网发生的变化并做出相应的调整，以便获得当前电网的实时数据并选择最优的算法对电网的运行进行精细分析。

3. 智能控制，智能 AVC 应该能够综合各种控制目标，包括电压安全、稳定、电能质量和电网经济型，选择恰当的控制策略实现最优控制，还应该深入研究如何协调控制好各种灵活交流输电装置。

4.用户互动。只有深入了解当前电网的运行情况以及用户的需求才能采用正确的控制策略对电网运行进行控制。故应建立友好的用户界面，实现用户、电网、智能AVC三者之前的灵活互动和协调。

5.电压自愈。充分利用串联补偿器（TCSC）、静止无功功率补偿器（SVC）和其他灵活输电装置的快连响应特性，在电网电压跌落时，智能AVC系统应该迅速做出响应并维持电网电压的稳定性。

6.与新型电源的兼容性。新型电源在电网中的接入变得越来越广泛了，但是由于这些可再生能源控制的复杂性和不确定性，它们的接入会对电网电能质量产生重大的影响。智能AVC的重要特点之一就是要解决好新型能源的接入问题，同时保证电网电压的稳定性。

五、一体化智能电网调度与控制系统

（一）基于MAS的分布协调/自适应控制

当前计算机科学发展的一个显著趋势就是计算范型从以算法为中心转移到以交互为中心。智能Agent技术就是这一潮流之下的产物。Agent是一类智能度高、具有一定自主的理性行为的实体，多Agent系统就是由这样一组彼此间存在着协调、协作或竞争关系的Agent组成的系统，MAS系统试图用Agent来模拟人的理性行为，通过描述Agent之间理性交互而不是事先给定的算法来刻画一个系统。智能Agent是一种技术，但更重要的是一种方法论，它为大规模、分布式和具有适应性的复杂系统的实现提供了一种全新的途径，比如电力系统、智能机器人、电子商务、分布式信息获取、过程控制、智能人机交互、个人助理等。MAS系统具有很强的伸缩性，而且允许遗留系统之间实现互联和互操作，从而最大限度地保护用户资源。目前MAS系统是人工智能领域非常活跃的研究方向，并且在广泛的领域具有非常高的应用前景。

相对基于SCADA客户/服务器的分布式控制与自动化系统以及基于SOA的应用系统，基于Agem的系统具有很多的优点。系统的每一个功能或者任务（比如每一个IED的管理），可以封装为一个独立的Agent，从而使系统高度模块化Agent之间是一种松散的组合。它们之间通信是通过消息的传递而不是通过程序的调用（本地或远程）；同时，由于采用目录服务机制，通过添加新的Agent，系统很容易增加新的功能。而且这些功能可以被其他Agent所用。对于那些本来就具有分布式结构的控制与自动化系统（如电力系统、过程控制等），特别适合采用多Agent系统体系结构。较之传统的控制系统。这种基于Agent的系统可以使系统的每一个成员具有更大的自治性，MAS的分布协调理念可广泛应用于各级EMS，DMS，厂站自动化系统之间的分布协调控制。

（二）快速仿真决策技术

基于事件响应的快速仿真决策，既不同于传统预防性控制的静态安全分析和安全对策，也较基于 PMU 的广域测录系统所组成的动态安全评估有所发展，主要增加故障发展快速仿真的实时预测功能，为调度员提供紧急状态下的决策支持。

快速仿真与模拟是含风险评估、自愈控制与优化的高级软件系统（包含广义的EMS、DMS 等功能）。它为智能电网提供数学支持和预测能力（而不只是对紧急情况做出反映的能力），以期达到改善电网的稳定性、安全性、可靠性和运行效率的目的。从目前的发展趋势来看，基于 Agent 的快速仿真决策是未来发展的重要方向。

（三）节能调度关键技术

节能发电调度技术是建设一体化智能电网调度与控制系统的关键技术之一，节能发电调度技术能够满足当前国家提出的节能发电调度的要求，根据负荷需求和节能要求，在确保电网安全检定运行的前提下，通过先进的调度技术，优化发电方式，减少化工类燃料的耗用，确保节能减排目标任务的实现，促进社会经济又好又快发展。

目前，节能调度技术的研究掌握了以节能减排为目标的调度计划理论和算法，在母线负荷预测、安全约束机组组合、安全约束经济调度、多层次安全校核等关键技术方面进行了大量的实践与探索。

（四）一体化模型管理功能开发

通过一体化模型管理技术的研究，为一体化智能电网调度与控制系统的分析和决策类应用提供完整、一致、准确、及时、可靠的一体化模型与数据基础。解决因模型不完整而导致的稳态、动态、暂态分析预警结果不正确的问题，基于模型拼接技术，实现电网模、图、数在上下级调度间的"源端维护、全网共享"。满足调度中心基于全电网模型的分析、计算、预警和辅助决策以及智能调度等新型业务需要。

（五）海量信息处理技术

海量数据处理技术为一体化智能电网调度与控制系统的应用功能提供了数据基础目前，已经研制出具有自主知识产权的时间序列数据库，解决了海量电网稳态、动态数据的连续存储和大规模数据读取时的速度瓶颈问题，该技术在设计中充分利用了计算机系统尤其是多 CPU、多核的能力，因此其处理效率非常高，为一体化智能电网调度与控制系统提供更加安全可靠的连续高强度数据存储解决方案。

（六）智能可视化技术

智能可视化技术实现了可视化技术从电网运行信息展示层面向电网分析结果和电网辅助决策结果可视化层面的飞跃。在传统被动式二维图形监视模式中，电网越限、事故信息往往通过告警和事故推画面等方式进行展现，调度员基于厂站图、地理接线图、表格、告警窗等方式进行电网监视，信息源零散，监视方式被动。无辅助决策，容易延误事故处理时机。

在智能可视化模式中，已经构建了智能可视化支撑平台，实现了电网监视、分析、预警、辅助决策的可视化，颠覆了传统的监视模式。实现了事故前电网全方位薄弱环节的可视化预警及预案，研究事故中的可视化故障定位，直观提醒事故的发生；研究事故后的可视化事故恢复方案，涵盖了调度员值班全过程的人机界面可视化。

（七）极端外部灾害下的调度防御技术

研究外部灾害信息的接入、建模、可视化展现、分析、仿真、预警和协调防御方法。通过预测信息，可以提前感知外部灾害信息，针对有可能发生的电网故障提前做出预案，在灾害面前化被动为主动，大大增强智能电网抗击外部灾害风险的能力。在极端外部灾害情况下，通过全局优化整定的控制策略和分布式控制装置，实施有序的主动减载、切机、解列等手段，避免电网无序崩溃，保障重要负荷供电，减小停电范围，并为电网后续的恢复控制、重启动提供条件和执行策略，同时研究极端外部灾害下电网群发性相继故障风险预警与评估技术、电网安全预防控制和应急控制辅助决策技术等。

（八）大电网智能运行控制

大电网智能运行控制技术的目标是建成智能电网安全防御系统，将通过广域、迅捷、同步、精确的质测感知，自适应智能决策，基于决策指令和应对动态响应相协调的控制执行，形成具备自我感知、自我诊断、自我预防、自我愈合的大电网智能安全控制能力。

需要推进 WAMS 的应用及 PMU 在主要变电站和电厂的普及，实现全网的实时可观测；进一步研究大电网智能运行控制技术。实现电网正常运行状态下的优化调度经济运行，并通过提高输电容量，降低电网运行成本，实现电网运行、维护、建设的节能增效；实现电网警戒状态下对故障隐患及时发现、诊断和消除。

避免事故发生，降低电网运行风险；实现电网故障状态下通过及时告警、提供辅助决策方案，避免系统偶发故障扩大，减小事故影响和损失。进一步通过故障隔离、清除，实施优化控制，平息事故，避免大停电事故的发生。

（九）一体化调度

1. 一体化调度计划运作平台

通过一体化调度计划运作平台研究，实现智能电网和大型可再生能源及分布式电源并网的安全、节能和经济运行，为大电网安全稳定运行和实现资源优化配置与节能减排提供坚强技术支撑。

一体化调度计划运作平台研究以节能减排为目标的安全经济一体化调度计划优化模型和算法；研究满足多时段能量计划与辅助服务计划一体化优化模型和算法；研究多层次安全校核模型和算法；研究先进实用的调度计划评估分析理论和技术；研究日前、日内、实时多周期多目标调度计划间的协调优化技术，以及与自动发电控制系统间的协调运作理论和技术；开发先进、实用、可扩展、易维护的调度计划应用平台。

2. 一体化调度管理

一体化调度管理着重体现智能电网的高效，它涉及调度中心的规范化和专业化管理、精益化和指标化管理以及调度中心的纵向贯通，是调度中心对外提供各类功能和数据服务的窗口。需要更好地适应特高压、特大电网发展的新需要，改变现行互联网阶段调度管理模式的管理层级多、业务差异大、发展不平衡等现象，通过技术创新和管理创新，改变目前分区分省独立控制格局，实现全国互联电网统一管理和协调控制。

第四节　基于广域信息的快速自愈控制技术

为了保证电网稳定，防止系统崩溃，我国普遍配置了防御严重故障的三道防线。第一道防线确保电网发生常见简单故障时保持电网稳定运行和电网正常供电（继电保护）；第二道防线确保电网在发生概率较低的严重故障时能继续保持稳定运行（安全稳定装置）；第三道防线是在极端严重故障情况下，保证不会导致系统崩溃和发生大停电（紧急控制）。但是，上述三道防线并未涉及电网故障及恢复过程中。区域孤网的稳定控制与快速再并网问题（属于电网自愈技术的范畴）。电网发生故障后，区域电网与主网解列，如何保证区域电网自身的安全稳定、尽可能减少负荷损失、缩短并网时间，是区域电网快速自愈控制技术亟待解决的问题。

由于目前我国区域电网的继电保护、稳定控制系统和备自投是相互独立的，各系统之间的协调配合困难，电网故障后需要经过较长的时间才能实现孤网自身的稳定控制和再并网在分布式电源密集上网的区域电网中，该问题更为突出。为了解决现有三道防线存在的协调配合困难的问题，提高孤网稳定控制水平，减少负荷损失，缩短孤网再并网时间，本章以前述提出的通信保护等技术为支撑技术，主要从孤网检测、孤网稳定控制和智能再并网三个方面论述基于广域信息的电网快速自愈控制技术。

一、电网自愈控制技术的现状

孤网稳定控制技术和备用电源自投（以下简称备自投）技术是电网自愈技术的两个重要手段。稳定控制策略不但可以尽量减少负荷损失，而且能够使包含本地电源的孤网迅速满足同期条件，备自投技术可实现变电站孤网后的重新并网。在 220kV 及以下等级的电网中获得广泛应用。然而，现有的孤网稳定控制技术和备用电源自投技术存在许多短板，特别是在包含众多本地电源的区域电网中。这种不足导致区域电网故障后，需要很长时间才能重新联上主网。

目前，在备用电源自投装置的应用场合中，要求必须具有备用电源和处于热备用状态的备用断路器，当失去主供电源时，备自投装置是否跳开原主供电源的断路器，合上备用电源的断路器，实现备用电源的快速自动嵌入，恢复变电站供电。但是，在区域电网中某些断路器开环运行时，往往只有少数几个变电站在本站存在开环点，大部分变电站在本站并不存在备用断路器。若仅使用常规的备用电源自投技术，常规备自投无法发挥作用，这样导致除了开环点所在变电站，其他各站即使装设常规备自投装置也不能工作，达不到快速恢复供电、提高供电可靠性的目的。虽然目前也可以通过远方命令，控制联络线相互备用的两个变电站断路器，实现远方备自投，但这仅限于两个变电站的范围，缺乏多个变电站的信息，无法为区域电网提供全面的自愈策略。还有一种嵌入在 EMS 系统中的区域备自投技术，可以掌握区域电网状态，实现区域备自投，但装置之间数据传输延时大，恢复供电需要的时间偏长。可能需要数分钟或更长时间。

另外，在众多小电源大量上网的区域电网内，现有的稳定控制策略无法满足备自投快速动作的需求。备自投技术一般都采用检无压合闸的方式，当主供电源失去后，要求母线电压必须降到无压定值以下才能进行合闸，若存在小电源，特别是众多小电源大量上网时，在不同运行方式下发生故障导致形成局部孤网后的功率不平衡状差别较大，导致孤网频率变化也较大。在小电源的支撑下，即使失去主供电源，母线电压还可以维持一段时间，只能等到小电源被拖垮之后才能合闸，这导致备用电源切换时间过长，不能达到快速恢复供电的目的，为提高重合闸的成功率，或提高检同期合备用电源的成功率，应对故障后的局部孤网采取功率平衡的控制措施，以控制孤网频率的波动范围。

现有保护、稳控系统和备自投是相互独立的。保护、稳控系统和备自投需要经过长时间的配合，才能实现电网故障之后再并网。稳控系统需要借助保护装置的动作信号来判断电网故障。为防止稳控系统误启动，保护装置动作信号经过抗干扰处理才能开入稳控系统，这样会导致稳控系统的动作时间延长。稳控装置也无法和备自投装置协调配合：对于负荷比较重的地区，电源线故障后若不采取控制措施，可能导致备自投动作后备用电源线过负荷；对于有本地电源的区域电网，若该地区与系统的联络线故障，可能导致检同期整合的条件不能满足，检无压重合的条件也必须等本地机组全部被切除后才可能满足。因此，若保护、稳控和备自投集成到同一个系统内，则可实现信号的无缝连接,缩短电网自愈时间。

针对现有保护、稳控系统和备自投存在的问题,本章提出孤网实时稳定控制策略和基于多维信息交互的再并网手段协同优化技术,实现孤网实时功率平衡和故障之后的故障电网快速再并网。

二、基于广域信息的孤网稳定控制策略

实时监视地区电网的运行状态,当电网发生故障导致某一区域被孤立后根据故障前区域电网与主网交换功率采取快速精确切机或切负荷的控制措施,实现孤网稳定控制策略。

(一)孤网运行

所谓孤网稳定运行是指当电网中的一部分与主电网断开连接后,可以由个别 DG 供电形成一个以一定频率和电压稳定运行的独立系统。孤网稳定运行的前提是大电网由于设备故障或维修导致与区域电网断开时,孤网内部功率平衡。即满足孤网内部电压和频率在标准的范围内,可以持续稳定运行。

当区域电网与大电网断开时,此时为孤网运行状态。孤网的产生有以下几个原因:一是电压、频率等电气量超越国家规定的标准范围;二是并网线路的故障;三是接电线连接不恰当;四是电网振荡失步。

按照孤网稳定运行前是否对孤网划分进行提前的规划,可以将孤网运行状态分为计划孤网运行和非计划孤网运行两类。具体如下:

1.计划孤网运行。计划孤网运行,就是选择合适的解列点使被划分的孤网达到内部功率平衡,充分利用 DG 的调节能力,保证孤网在经过合理的划分后能够继续维持向区域内负荷供电,提高供电可靠性。

2.非计划孤网运行。该运行方式是当区域电网与大电网断开连接后,由于跳闸的选择和动作具有偶然性和不确定性,因此不确定形成的孤网中所含的 DG 容量和负荷容量,没有提前进行规划孤网形成状态。这种方式形成的孤网能否稳定运行是不确定的。

(二)电网转孤网运行状态监测

非计划孤网运行的随机性和不确定性会给电力系统的安全稳定运行带来很多的问题,主要如下:

(1)大电网因故障或检修与区域电网断开,当 DG 所提供的功率小于本地负载所需功率时,为了使内部功率平衡,可以发挥 DG 的调节能力,也可以减负荷运行。但一旦超过 DG 的调节能力,这种调节会损坏电气设备。同时,由于大电网的断开,使得区域电网的电压、频率失去大电网的钳制作用，有可能导致超越标准工作范围而产生较大的谐波，降低电能质量，甚至损坏负载。

（2）在孤网与并网互相切换时，如果恢复供电，区域电网与大电网可能处于非同步并列运行状态，这样会对电气设备造成损害。对于检无压和检同期的重合闸操作，非同步状态会造成重合闸失败，导致停电。

（3）一旦电网脱离主电网孤网运行，短路电流故障水平会明显下降，这样就使得与电网并联的 DG 断路器的继电保护装置无法动作。

由此可见，能够有效、快速、准确地检测出孤网状态对区域电网的安全可靠运行有重要的意义。

目前，电网转孤网运行的检测方法可以分为两类：远程检测法和本地法。

1. 远程检测法

远程检测法主要目的是判别断路器的通断状态，其主要是基于现代通信技术来检测。安装信号接收器接收电网侧发来的载波信号，通过所接收的信号来判断孤网是否发生，从而完成孤网检测。这种方法是孤网检测中最直接的方法，其优点是检测准确度高、可靠性好、无非检测盲区；DG 的类型与此法的检测效果没有关系，对电网也无干扰信号，因此它是非常可靠的孤网检测方法。

远程检测法也存在一些缺点：需要增加多种设备，成本较高、故障率增大、操作复杂。

2. 本地检测法

在所有孤网检测方法中，应用频率的变化来判断孤网的发生是最常用的方法之一。当区域电网与主电网并网运行时，由于大电网的钳制作用，区域电网的频率与主电网的频率一致，基本维持在 50Hz。当孤网发生后，由于区域电网的有功功率或无功功率发生了变化，将导致微电网的频率发生改变。过 / 欠频率检测法作为孤网检测法的最初尝试。此方法不需要增加任何多余的检测设备，只要根据电网的本身参数特性进行检测，对电网的电能质量没有影响，检测方法简单，在现实中一般都有应用，但是这种方法会连同一种主动检测法同时使用，作为辅助的方法，当孤网发生时，电网的频率由正常值 50HZ 下降或上升到孤网检测所设定的检测阈值时，并不会马上下降或上升到并且超过检测阈值，它需要经过一段时间才能达到，因此这种方法检测时间较长。另外。由前面的分析可知，当区域电网的容量与负载的容量相差不大时，孤网发生后，频率的变化不会超过检测阈值。产生检测盲区，导致孤网检测失败，作为电网的另一个参数，电压也是常用孤网检测方法所要测量的物理量，其检测原理与检测效果与频率检测法相类似。

总之，本地检测法中的电压 / 频率检测法是最基本的检测方法，它们非常经济，方法简单，运算量少，对电网的影响小。但是，这种方法耗时较长，且存在着很大的检测盲区，这在孤网检测中是不允许的。因此本地电压/频率检测法常作为辅助方法，与远程断路器监测法一起使用。

（三）孤网稳定控制策略

区域电网形成孤网以后，频率和电压是影响孤网能否稳定运行的两大因素，如何通过调节有功功率和无功功率平衡，实现频率和电压稳定，是孤网稳定运行的关键。

1. 频率稳定控制

有功功率的平衡是影响孤网频率稳定的最重要因素。由于各地区电网的发电机出力与负荷随着季节的变化波动可能很大，在不同运行方式下发生故障导致形成孤网，功率不平衡量差别较大，频率变化可能较大。为提高重合闸的成功率，或提高检同期合备用电源的成功率，应对故障后的孤网采取功率平衡的控制措施，以控制孤网频率的波动范围。根据区域电网各线路的投停、故障状态及功率平衡原理判断孤网事故、孤网后的低频、过频状态采取相应的控制措施。

2. 电压稳定控制

区域电网受到大的扰动后，形成孤网，在极短时间内可能导致电压崩溃。因此，需要布置合理和充足的紧急无功补偿设备，保持正常运行和事故后的孤网电压处于正常水平。通常防止电压崩溃的主要调压措施如下：控制发电机端电压无功出力；调节有载调压变压器；低电压切负荷；配备无功电源

在中低压区域电网内，小水电都是固定励磁输出，一般不具备调压功能，区域电网形成孤网后，无法对系统电压起到支撑作用，不能有效对系统电压进行紧急控制。

有载调压变压器只是通过变压器接头的调整改变变压器两侧的电压状况和电网中无功功率的分布，能起到调控电压的作用，但其本身并不能当作电源来供应无功功率，甚至会消耗电网中的部分无功功率。

并联电容器投资低，损耗低，可以满足无功补偿的需求，但当电压下降时电容器所能补偿的无功功率值与电网电压的平方成正比，因此当系统无功严重不足导致电压下降时，其能发挥的作用也小。

并联电抗器常安装于超高压长距离线路中，由于长线路高电压会使线路电容过大，造成空低负荷时线路末端电压高于首端电压，因此用于抵消线路过大的电容。而在超高负荷的系统中过多的电抗器也会对系统造成一定的影响，需要控制其数目。

低电压切负荷相对其他控制措施来说，是保持电压稳定性的一种简单有效的控制对策，但可能导致严重的后果，降低了用户供电可靠性，不满足电力市场的要求。

STATCOM是一种更为先进的新型静止型无功补偿装置，其无功输出能力与电压成正比。能在系统电压跌落的情况下，迅速输出无功维持电网电压水平，其基本原理

是利用大功率电力电子器件（如 IGBT）组成的逆变电路将直流侧电容电压逆变成交流电压，经电抗器与电网相连，通过调节逆变电路交流侧输出电压的幅值和相位，或者直接控制其交流侧输出电流，可以使该电路吸收或者发出满足需要的无功，实现无功补偿的目的。STATCOM 响应时间快，暂态特性较好，可以迅速改变无功电流方向和大小，因此具有很大的动态调节范围，可以发出连续可调的感性无功和容性无功。另外，STATCOM 提供的无功容量受电网电压频率的影响很小，可以看作一个并入电网的等效电压源，它能输出的无功功率只受自身器件的限制，与电网的电压水平关系不大。

区域电网一般装设有多个 STATCOM 补偿器，在形成孤网后，需要对这些无功补偿器进行协调控制，使得各个补偿器能够根据需要和各自能力发出相应的无功功率，以支持系统电压。

现在变电站一般都装配了自动化监测系统，可以独立自动完成信号的采集、输入和输出的各项功能，同时也可以对变压器和其他无功控制装置进行开关控制。通过自动化监控系统，可以下发指令，改变 STATCOM 的运行模式和控制目标，进而实现无功补偿的目的。这样的实现方式简单有效，但需要通过通信实现信息交互。由于 STATCOM 响应速度极快，对通信速度和可靠性提出较高要求。可能未收到运行指令，即进入无功输出极限状态，这种无功协调方法在实际工程中较难实现。

在许多实际应用中，允许 STATCOM 输出端电压随着输出电流成一定比例的变化，即 STATCOM 的输出无功根据系统电压的变化采用斜率控制。STATCOM 的斜率是其重要的控制参数，斜率的存在能够牺牲很小的电压调节换取额定无功功率的大大减小，还可以防止系统发生较小电压波动时，STATCOM 频繁运行于极限状态，区域电网形成孤网后。可以对各个 STATCOM 设置合理的斜率，使得各个 STATCOM 在无通信情况下实现无功输出的合理分配，共同分担电网的无功需求，避免 STATCCOM 间出力处于互补状态，使得区域电网形成孤网后，系统电压得到有效支撑。

三、广域备自投技术与长延时重合闸技术

（一）广域备自投技术

经济的发展对电力需求越来越旺盛，电网规模不断扩大，电网结构日趋复杂，供电可靠性的要求也越来越高，目前，在国内广泛应用的备用电源自动投入装置在电力系统故障或其他原因使电网主供电源断开时，能够迅速断开原工作电源，备用电源自动投入工作，及时恢复对用户的供电，提高供电可靠性，减少供电损失，保证电网安全稳定运行，常规的变电站内微机型备自投装置一般只能采集本站内的相关设备的开关量、电压、电流等信息，当相关信息满足预定的逻辑时，备自投装置实现充电或放

电功能，当工作电源发生故障时，实现备用电源自动投入的功能，但当电网运行方式发生变化时，原有的逻辑将失效，致使备自投失去作用。因此这种备自投只能够实现就地的控制策略，且因正常接入的电气量有限，往往考虑的功能比较单一，更无法实现远方备用电源的自动投入的功能。简单来说有以下缺点。

（1）未考虑备自投动作时对广域电网的影响，有可能导致备用电源过负荷。

（2）难以与安全自动控制装置配合。

（3）地方小电源可能对其动作产生影响。

（4）110kV 链式电网接线中，工作电源和备用电源不在同一变电站，这种情况下，常规备自投完全没有办法。

因此，有必要实现广域备自投功能，即建立基于广域信息的备自投系统，以保证电网持续可靠供电，降低供电损失，提高效率，适应当前智能电网的发展。

基于"广域实时采样、实时交换数据、实时判别、实时控制"的思路来实现广域备自投的功能。基于网络拓扑，对区域信息进行配置，通过接收区域信息，进行综合逻辑判断，实现故障定位、执行故障隔离方案，快速合上备用电源供电。这样可解决基于调度自动化的备用电源自投系统的实时性相对较差、数据发生时的时序关系不准确等问题，从而使电网快速准确地恢复供电。

按照分层控制的原则来配置广域备自投系统，选择其中一个变电站设置主站，由主站完成广域备自投的控制策略，在每个变电站设置子站，各子站向主站上送所需的状态信息。并执行主站下发的跳合闸命令，同时可实现合闸的检同期或者检无压条件判别。

子站装置将本站由线路电流转化成的有流标志位、由线路电压转化成的线路有压标志位、母线电压转换成的电压标志位、区域保护重合闸失败信号、断路器位置信号等输出给区域控制主站装置。主站装置根据这些状态标志位，判断系统运行正常并符合预设方式时，完成广域备自投充电准备。当区域电网出现孤网或者局部孤网并且重合闸失败时，广域备自投进行逻辑判定，确定是区域电网主供电源失去还是线路故障或是母线故障。在此基础上进行区域备自投、远方备自投、启动站域备自投闭锁备自投等逻辑的选择。满足动作条件时，区域备自投先隔离故障，再合上备用电源断路器，为失电的变电站恢复供电。

主站装置下发跳合闸命令信号给子站装置，由子站装置实际执行，完成以上控制。子站在执行合闸命令时，若失电站母线已经无压，则进行检无压合闸；若失电站由于小电源支撑维持有压，则进行检同期合闸。

广域备用电源自投控制系统（简称广域备自投）是基于广域信息，综合判断失电母线（失电区域），智能判断最优备自投策略，发出控制序列命令，断开故障电源，投入其他正常工作电源，实现供电自动恢复，提高供电的可能性的一套广域智能恢复系统。

广域备自投分为充电、启动、失压跳、合闸步，其原理简述如下：

（1）广域备自投的初始状态为已放电状态。系统在上述流程中发生任何意外均会直接放电跳转到已放电状态。

（2）充电过程一般需要15s（可整定）的电网稳态，广域备自投会记录充电满时的电网状态为基础态。特别要注意的是：基础态时断路器位置为分闸的断路器。

除非有其他闭锁条件，都被认为是可以合闸的备用电源断路器。基础态已失电的母线被定义为停运母线，广域备自投不会尝试向其恢复供电。

（3）启动过程是由跳闸和母线失电来触发的一个过程。至少一段母线失压并且至少一个断路器变位时，广域备自投才会启动。

（4）失压跳过程位于启动过程之后，主要用来确保失电母线与所有潜在电源均可靠隔离，为后续的合闸过程做好准备。

（5）合闸过程是指从有效电源出发对所有失电母线依次恢复供电的过程。为避免合闸于故障，在启动过程中新跳开的断路器不合闸。

基于同步向量测量装置（PMU）的广域备用电源自动投入装置具有较明显的优势：

（1）与就地备自投相比较：广域备自投系统不是应用于单个变电站，而是综合目标区域电网的多个变电站信息，智能做出备自投方案并予以实施。与就地备自投相比，广域备自投系统具有更加智能化、运行方式灵活、适应性强等优点。更重要的是，通过综合目标电网的多点信息，广域备自投系统可以实现多变电站备自投功能的相互配合，避免非预期的电磁合环的问题。另外，若目标区域电网中存在分布式小电源，为避免作同期合闸冲击损坏小电源，广域备自投还具有故障解列小电源的功能（包括与备投点不在同一变电站的小电源）。

（2）与基于安全稳定控制系统的区域备自投相比较：现有的安全稳定控制系统，均是基于策略表形式而制定的，在特定情况下能完成备自投功能。但是这种备投装置只能针对特定的系统和运行方式，不能自适应运行方式的变化，不能适应网架结构的变化，而且采集的信息量有限，可能会发生断路器合闸至故障点或者造成电磁合环。而基于同步向量测量装置的广域备用电源自动投入装置信息量广，可以"动识别运行方式。实现智能恢复供电，且不会造成合闸于故障点和电磁合环等问题。

（3）与基于EMS的网络备自投相比较：基于EMS的网络备自投在广域信息取得上有一定的进步，但是EMS的数据存在着刷新时间较长、数据不同步、数据质量不可靠等问题。而同步向量测量装置的广域备用电源自动投入装置，采用全球卫星定位系统GPS对时。保证了数据时间的全网一致，数据刷新时间能达到5ms一次，刷新速度快。

（二）长延时重合同技术

保持稳定运行是阻力系统中最主要的任务之一，系统稳定的破坏通常是由系统中各种各样的故障引起。电力系统的一个显著特点是地域分布广，尤其是输配电线路，分布在极为广阔的地区，这就决定电力系统中不可避免地会经常发生各种人为的或自然的故障。其中输配电线路的故障占了很大的部分。本节主要讨论输电线路在故障后的合闸时间整定问题。对于线路可能发生的各种故障都必须有相应的处理措施，这是维持系统稳定运行的根本保证。在系统发生故障后，首先应该采取的技术措施无疑是快速切除故障，只有充分发挥了快速切除故障的潜力后再采取其他措施才是合理的。重合闸的时间对重合后系统的稳定性有显著的影响，采用快速重合闸在大多数情况下不利于系统的稳定。作为系统中普遍采用的一种控制措施，合理整定重合闸的时间具有实际的意义。重合于永久性故障对系统稳定性的影响早在 20 世纪 60 年代中的加拿大 BC 水电局作皮斯河发电工程的输电系统设计中就已经发现。该水电局在研究各种稳定控制措施时发现，考虑不成功的重合闸（重合于永久性故障）：间隔时间为 45 周波最佳，35 周波次之，25 周波则系统失稳。

目前系统中重合闸的时间整定主要考虑以下几个因素：

（1）单侧电源线路的三相重合闸时间除应大于故障点断电去游离时间外，还应大于断路器及操动机构复归原状准备好再次动作的时间。

（2）双侧电源线路的三相重合闸时间除了考虑单侧电源线路匝合闸的因素外，还应考虑线路两侧保护装置以不同时间切除故障的可能性。

（3）对分支线路，在整定重合闸时间时，还应考虑对侧和分支侧断路器相继跳闸的情况下，故障点仍有足够的断电去游离时间。

（4）为提高线路重合成功率，可酌情延长重合闸动作时间。

根据对实际运行中重合闸失败原因的统计，在瞬时性故障时，重合闸充电时间不够是导致重合失败的原因之一。所以，无论从系统稳定的角度还是从保证求合成功的角度出发，都要慎用快速重合闸。

当片区电网与主网因联络线故障而解列时，解网后孤立系统自身的调节能力与抗故障冲击能力很低。广域控制保护主站通过稳控系统以及区域备自投功能，快速实现该片区电网的负荷平衡以及频率稳定。传统线路保护由于重合闸开放时间较短，当稳控系统通过调节使得片区电网负荷平衡、频率稳定后，虽然片区电网与主网已可以同期并网，恢复主网正常运行架构。但由于重合闸开放时间很可能已经结束，导致无法正常并网。

通过对原线路保护重合闸功能进行改进，将重合闸整定延时（躲开去游离时间）和判别同期角差的确认延时分开（后者无须太长，建议 200~300ms），根据实际系统需求来设置重合闸开放时间，改进后将重合闸开放时间设为定值，范围为 0~10min（同 110kV 线路保护一致），其他逻辑保持不变，尽最大可能实现片区电网和主网的同期并网，从而恢复正常运行的主网架构，提高供电可靠性和稳定性。

将原就地线路保护中"重合闸时间"定值拆分为"重合闸延时"和"重合闸检定延时两个定值（"重合闸延时"按照躲开去游离时间整定，"重合闸检定延时"作为检定条件的确认延时，无须太长），以提高重合闸的成功率。

第五节 基于广域信息的快速后备保护技术

随着智能电网发展战略的实施，我国电网已经形成若干个世界上屈指可数的大规模复杂互联电网，特别是特高压交直流混合联网、同塔多 IE、柔性交流输电以及可再生能源发电的接入等新技术的应用，造成电网结构及其运行方式 H 趋复杂，由此对继电保护提出「新的挑战近下年来。美国、加拿大、欧洲、巴西和印度等国家和地区发生的多次大停电事故让人们认识到。现有主要基于本地和有限远方信息的继电保护技术术不能很好地满足智能电网发展的需求，其主要问题包括以下几方面，

1. 传统后备保护的整定配合基于固定的运行方式，整定配合困难，动作速度慢，且缺乏自适应应变能力。当电网的网架结构及运行方式因故发生频繁和大幅改变时，易导致后备保护动作特性失配，可能造成误动或事故扩大。

2. 在电网发生大负荷潮流转移过程中可能引起线路后备保护非预期连锁跳闸，导致电网事故扩大甚至引发大面积停电事故。

3. 继电保护的动作依赖于保护电源和操作电源的供应，在变电站失电等极端情况下，保护会拒动或者长延时切除故障，可能引发电网局部灾难。

一、基于广域信息的电流差动保护技术

为了满足选择性、速动性、灵敏性和可靠性要求，继电保护系统由主保护和后备保护构成。主保护用于快速切除故障元件（线路）的故障，后备保护是在主保护或者断路器拒动时承担保护功能。对于超高压输电线路，我国通常要求按完全双重化的原则配置保护系统，在每一套保护系统中，采用纵联保护作为主保护，可以快速切除线路全长范围内的故障；采用距离保护和零序电流保护作为后备保护，除了在主保护或者断路器拒动时发挥其后备保护作用外，还可以实现高阳接地故障的灵敏切除。光纤纵联电流差动保护是纵联保护的一种，也是我国输电线路目前普遍采用的主保护形式，光纤纵联电流差动保护通过光纤通道获取线路两侧的信息，实现线路全长范围内故障

快速、可靠的切除。而作为后备保护的距离保护是基于就地信息实现的，需要通过定时限阶梯延时整定配合的方法实现各级线路的后备保护功能的协调。随着电网的发展，基于就地信息的后备保护暴露出日趋严重的诸多问题，如保护配合复杂、动作延时长、整定难度大，无法适应系统运行方式变化，难以兼顾保护选择性、灵敏性和快速性的要求，特别是在电网发生大负荷潮流转移过程中有可能引起相关线路后备保护的连锁跳闸，导致电网事故扩大甚至大面积停电事故。

随着广域信息测量技术的发展，继电保护可以获得更为丰富的就地和远方信息资源，为改进传统继电保护性能、克服上述问题，提供了良好的契机与有力的支持。近年来，基于广域信息的后备保护研究备受关注，人们提出了许多各种特点的实现方法，这些方法可以实现故障元件的判别，以便快速故障隔离；或者可以简化整定配合，加快后备保护动作速度；或者通过采用智能化方法，提高保护对复杂工况的自适应性。

（一）纵联电流差动保护

1.通信通道

通信通道是纵联保护的必要条件，由它传递线路两端的测后信息。纵联保护常用的通道类型主要有以下几种：

（1）导引线通道

这种通道需要铺设导引线电缆传送电气量信息，其投资随线路长度而增加。当线路较长（超过10km以上）时就不经济了：导引线越长，自身的运行安全性越低。在中性点接地系统中，除了雷击外，在接地故障时地中电流会引起地电位升高，也会产生感应电压，所以导引线的电缆必须有足够的绝缘水平（如15kV的绝缘水平），从而使投资增大。一般导引线中直接传输交流二次电状波形，故导用线保护广泛使用差动保护原理，但导用线的参数（电阻和分布电容）直接影响保护性能，从而在技术上也限制了导引线保护在较长线路中的应用。

（2）电力线载波通道

这种通道在保护中应用最为广泛，不需要专门架设通信通道，而是利用输电线路构成通道。载波通道由输电线路及其信息加工和连接设备（阻波器、结合电容器及高频收发信机）等组成。输电线路机械强度大，运行安全可电，但是在线路发生故障时通道可能遭到破坏，为此载波保护应采用在本线路故障、信号中断的情况下仍能正确动作的技术。

（3）微波通道

微波通道是一种多路通信通道，具有很宽的频带，可以传送交流电的波形。采用脉冲编码调制（PCM）方式后微波通道可以进一步扩大信息传输量，提高抗干扰能力，也更适合于数字式保护，微波通道是理想的通道，但是保护专用微波通道及设备是不经济的，电力信息系统等在设计时应兼顾继电保护的需要。

（4）光纤通道

光纤通道与微波通道具有相同的优点，也广泛应用于脉冲编码调制方式。保护使用的光纤通道一般与电力系统统一考虑。当被保护的线路很短时，可架设专门的光缆通道直接将电信号转换成光信号送到对侧，并将所接收的光信号变成电信号进行比较。由于光信号不受干扰，在经济上也可以与导引线通道竞争，因此近年来光纤通道成为短线路纵联保护的主要通道形式。

我国现有各种类型的输电线路中普遍采用光纤作为纵联保护的通信通道，本书所提的保护通道若不做特别说明时，均指光纤通信通道。

2. 电流的同步测量

对于电流差动保护，最重要的问题之一是需要比较被保护设备两侧"同时刻"的电流。微机保护需要对模拟量进行采样获得离散的数据序列，需要保持两侧电流采样数据的同步性。对于很短的线路，线路两侧电流可以由同一个保护装置（如短引线通道）采集，易于由保护装置在其内部实现数据的同步采集。当线路较长时，两侧电流需要用不同的装置分别采集，就存在数据采集的同步问题。

（1）基于数据通道的同步方法

基于数据通道的同步方法包括采样数据修正法、采样时刻调整法和时钟校正法。尤以采样时刻调整法应用较多。这些方法都是建立在用通道传送用于同步处理的各种时间信息的基础之上。

基于数据通道的采样时刻调整法。主站采样保持相对独立，其从站根据主站才采样时刻进行实时调整。实验证明，当稳定调节系数 9 选取适当值时，两侧采样能稳定同步，两侧不同步的平均相对误差小于 5%。为保证两侧时钟的经常一致和采样时刻实时一致，两侧需要不断地（一定数显的采样间隔）校时和采样同步（取决于两侧晶振体的频差），增加通信的数据量。

（2）基于 GPS 同步时钟的同步方法

全球定位系统 GPS 是美国在 1993 年全面建成的新一代卫星导航和定位系统，由 24 颗 U 星组成，具有全球厦盖、全天候工作、24h 连续实时地为地面上无限个用户提供高精度位置和时间信息的能力、GPS 传递的事件能在全球范围内与国际标准时钟（UTC）保持高精度同步。

（二）广域电流差动保护

随着通信、计算机和自动化等各个学科的发展。新一代的广域继电保护技术正在形成，以 PTN 通信技术为基础的广域智能控制保护系统实现区域内各个节点电流向量及开关后的同步采集，且时间误差能达到亚微秒级。广域电流差动保护可以对故障进行快速、可靠、精确的切除。

1.广域电流差动保护的基本原理

广域电流差动保护原理和常规保护基本一样，也是满足基尔霍夫电流定律。不同之处在于常规电流差动保护的保护对象是单个电气元件，而广域电流差动保护的保护对象是一个区域（包括单个电气元件）。它将某个区域的电流均接入差动继电器，通过该区域的差流来识别故障在区域内还是区域外，从而实现后备保护的功能。广域差动保护既可以作为故障元件主保护拒动时的近后备保护，也可以作为相邻元件的远后备保护。实际上，一个区域内所有差动保护构成了一个广域差动保护系统，传统的差动保护也可以看成广域差动保护系统的一个最基本单元。

2.广域电流差动保护的保护范围划分与关联域确定

完成广域电流差动保护功能需要解决两个关键问题：

（1）确定保护范围。广域电流差动保护系统理论上可以获得电网任何测点的电流完成差动保护功能，但在实际应用中应该为广域走动保护系统划定保护范围，以实现在最小范围内切除故障。

（2）确立智能终端IED的关联域。上述终端设备在我国通常是采用智能电子设备IED（1ntelligentElectricalDevice，也称智能终端，简称IED）来实现。关联域是指故障发生后IED应该与哪些对应的IED交换电流信息进行差动计算，在这些IED中先与谁交换电流信息，后与谁交换电流信息。

二、配电网广域过电流保护技术

由于配电网规模大，结构复杂，相应的投资建设一再受到限制。因此传统配电网只是在变电站出口处配置断路器和三段式电流保护，而在干线和支线上装设分段负荷开关，在配电自动化系统的支持下实现故障隔离。由于负荷开关不能切断短路电流。因此当故障发生时只能在变电站出口位置处跳闸，这样将导致整条馈线范围断电，从而扩大了停电范围。近年来，随着断路器制造行业水平的进步和经济发展，配电网10kV断路器的价格大幅下降，在经济上使得断路器在配电网中的大范围使用成为可能，如果在配电网中节点位置处均采用断路器，利用断路器本身具有切断短路电流的能力，将有可能在最小的范围内隔离故障。

（一）广域过电流保护的原理

一般而言，对于开环运行的配电网来说，过电流是其发生相间短路故障的典型特征量，通过故障特征量在故障点上下游的差异可以得出配电网相间短路故障过电流的分布特性；进而根据故障能量平衡的原则，利用过电流特征最满足能用平衡原则的特点，可以构成专用于配电网的广域过电流保护。

用 3UI 表征故障功率的大小，过电流是故障功率的主要特征，根据故障能最平衡的原则，若故障功率流入某元件并从该元件流出，则该元件必然不存在故障点；若故障功率流入某元件但不从该元件流出，则该元件必然存在故障点。因为故障功率流入了故障点。

可以利用配电自动化系统中安装在配电网各个节点位置处的终端设备 DTU（具有网络通信功能，可支持广域保护的实现。以下简称广域保护终端）和广域保护主站在通信通道的支持下构成广域过电流保护系统，在配电网中发生相间短路产生过电流故障时，配电网广域保护主站利用高速信道根据各个节点位置处传输来的遥测和遥信数据，结合配电网的网络拓扑，通过广域保护主站与各个节点位置处的广域保护终端之间的协调配合，快速准确地定位故障区域并且断开相间短路电流，实现配电网广域过电流保护。

（二）广域过电流保护的算法

由以上分析可知，对于配电网中发生的相间短路故障，可以通过一个或多个保护装置监测过电流。利用广域过电流保护原理有选择地切除故障。

这里引入广义节点的概念。广义节点是指以配电开关作为边界的，由若干配电开关和配电线路构成的电气连通区域，广义节点大多数情况下是指由一回配电线路（和其 T 接线路）及其直接连接的配电开关的集合。配电线路 AB 以及配电开关 A、B 可构成一个广义节点；配电线路 CD、CE 以及配电开关 C、D、E 也可构成一个广义节点等。当然也适合更一般意义的广义节点，如由配电线路 AB、BC 以及配电开关 A、B、C 构成的广义节点。

主站判断相间短路故障是否发生在广义节点内部的方法如下（以广义节点 i 为例）：

1. 若广义节点 i 仅有一台边界配电开关处的广域保护终端监测过电流，则相间短路故障必然发生在广义节点 i 的内部。

2. 若广义节点 i 为终端广义节点（不可能有下游广义节点），且至少有一台配电开关处的广域保护终端监测到过电流，则相间短路故障必然发生在广义节点 i 的内部。

3. 若广义节点 i 有至少两台边界配电开关处的广域保护终端监测到过电流，则相间短路故障必然发生在广义节点的外部。

配电网广域过电流保护技术，在使用断路器代替负荷开关基础上，能够在相间短路故障发生时实现各个节点间的无时限配合，而不必在变压器出口位置处跳闸。实现了故障的选择性切除，避免故障范围扩大到整回馈线，从而缩小故障影响范围。同时配电网广域过电流保护原理将配电自动化系统的故障隔离功能下放到设备级，使配电自动化系统对故障隔离的实时性要求大幅度降低，提高了实用性。

三、配电网广域方向纵联保护技术

配电网中含有大量的配电开关，包括出线开关、主干线上的分段开关和重要分支线上的分支开关，这些隔离开关将配电网分成了多个区域。一般在隔离开关处安装继电保护装置，当配电网故障时，保护装置动作跳开隔离开关，以隔离故障。在传统配电网中，保护装置配置三段式过电流保护，保护范围为下游线路；各级隔离开关通过电流门槛和时限配合来匹配最优的动作方案。若是多电源网络，还可增加方向元件，用来区分故障点在上游或下游线路。以上技术方案在配电网中难以完美呈现，存在定值无法整定、时限配合困难、动作延时过长等问题。

第一步：判定保护元件的状态后特征，并将其发送给保护区域的其他边界节点，并接收其他边界节点的状态量特征；如果有边界节点检测到"TV 断线告警"，同样发送到保护区域的其他边界节点。

第二步：顺序检查保护区域所有边界节点状态量信息；如果有边界空点 A 处于过电流故障状态（S=I），进入后续流程。

第三步：继续检查剩余边界节点的状态量信息，包括 A 在内。如果有边界节点处于过电流状态并且检测到故障在保护区域外（S=I&SD=O），算法流程结束。

第四步：如果所行检测到过电流故障态的边界节点的故障位置都在其保护区域内，则保护动作出口。如果保护区域有边界节点发"TV 断线告警"，则闭锁保护。

四、基于广域信息的直流失电保护技术

变电站的保护直流电源（简称直流电源）是保证整个系统正常运转的基础，对于继电保护的正确动作至关重要。目前，变电站中一般配置有操作电源、保护装置电源和通信电源，随着数字化变电站的发展，电源的容量越来越大，二次设备对电源的供电可靠性也提出了更高的要求。变电站保护装置直流电源消失可能造成电网局部灾难。

变电站保护直流电源消失是变电站运行中的一种严重事故，保护直流电源消失后，变电站所有保护装置或操作回路均无法工作，导致主变压器、母线、高压电抗器及线路等电力设备均失去保护。一旦这些设备发生故障。本站保护将无法动作，须靠相邻站的远后备保护动作隔离故障。

（一）直流电源消失的智能识别方法

目前，变电站内配置了 110V 或 220V 保护直流电源和 48V 通信电源。保护直流电源安放在保护小室，为各间隔继电保护装置和控制回路供电，通信电源安放在通信小室，为通信设备供电，两套电源相互独立。

基于广域信息的智能控制保护系统，其安放在变电站的主/子站的装置可由站内48V通信电源和110V保护直流电源双电源供电。一旦直流电源因异常消失（简称失电），系统仍可以在通信电源的支撑下正常工作，确保失电站将站内异常信息送出。

变电站保护直流电源系统正常运行时其江流用线KM+和KM-之间的压差为110V或者220V。通过在保护有流电源系统内装设低压继电器实现故障监视，一旦保护直流电源失电，低压继电器动作，广域智能控制保护系统采集动作节点信号，可有效初步判定直流电源消失故障。

目前，常规110kV及以上电压等级变电站都配置了光纤差动保护，利用差动保护装置在通信中断时发出通道异常信号来配合实现直流电源消失的判定，以提高判断的准确性和可常性，一旦某变电站直流失电，其站内保护装置均无法工作，而相邻变电站保护装置均可发出通信异常信号。广域智能控制保护系统通过采集相邻站的通道异常信号，结合采集到的直流系统低压继电器动作信号，综合判定某变电站保护直流电源消失。

（二）直流电源消失后的故障快速隔离

广域智能控制保护系统作为电网的冗余保护，其冗余集成了变压器保护、母线保护及线路保护等各种元件保护，变电站直流电源消失后，就地保护装置不能正常工作，无法识别系统是否发生故障，但广域智能控制保护装置由48V通信电源供电仍能正常工作，其装置仍能正确识别失电站的主变压器及母线故障，但无法正确出口跳闸切除故障。对于线路保护，由于直流电源消失后交流电压经电压并列装置而丢失，导致广域智能控制保护装置的线路保护元件无法动作，从而不能正确反映保护范围内线路的故障，因此，需要采集线路对侧的广域智能控制保护装置纵联阻抗元件及断路器位置情况对线路故障加以辅助判别。当失电站对侧线路保护纵联阻抗元件动作，同时故障线路上的对侧断路器处于跳位且无流时，则认为该线路发生了故障。此时失电站会收到对侧站发来的失电后动允许信号。

直流失电变电站的广域智能控制保护装置在判定出本站直流电源消失，同时装置的变压器、用线等元件保护动作（不跳闸）时，则输出失电远跳信号给各相邻站的广域智能控制保护装置执行跳闸指令，以快速地隔离故障。此外，失电站会收到对侧站发来的失电后动允许信号，同时检测到故障线路的位于失电站侧的断路器处于合位或有流时，则判断失电站所连线路发生故障且线路保护无法正确动作，此时失电站也会输出失电远跳信号。

相邻站接收到失电站发送来的失电远跳信号后，结合本侧电气量变化以及保护动作情况，跳开与失电站相联系的隔离开关，以快速、可靠地隔离故障。

第八章　高频交流配电系统

高频交流（HFAC）配电系统涉及通过电力电缆传输频率为数千赫兹的交流电能，关于 HFAC 配电系统的早期研究已经表明 HFAC 配电系统具有很多潜在的效益。如能灵活满足不同电压等级负载的需求，采用紧凑型高频变压器容易实现电气隔离，在单个元件和系统集成方面可望实现巨大的节约等。此外，高频运行时还能改善系统的动态特性，降低或消除可闻噪声。但是，尽管有这么多可以想到的好处，HFAC 技术的发展一直十分缓慢。至今，HFAC 配电系统一直局限于某些小型的应用场合。如通信、计算机和信息系统等。由于环境友好型经济的推动，对高频电能的需求一直在增长，意味着在可行的地方，电能要以更高的电压、更大的电流和更高的频率传输。

第一节　高频交流配电系统概述

一、高频交流配电系统的概念及兴起

高频交流配电系统是通过特定的电力电缆将高频率交流电能传输给负载的一种配电方式。高频交流配电系统一般由低频整流器、高频逆变器、谐振电路、高频交流母线以及 ACVRM 组成。同时，为了保证高频交流母线的电压恒定，还可在低频整流后串联一级 DC/DC 变换器，目的是减小整流后到达逆变器上电压纹波，以及根据系统需要调节高频母线上电压幅值。

HFAC 配电系统的概念最早是在 20 多年前由 NASA 科研中心提出，目的是希望 HFAC 配电可以应用在当时自由号空间站上。随着空间站规模的不断增大、技术的不断进步，未来空间站对电力需求会日益增加，当时认为传统直流配电系统具有局限性，主要原因是：在空间站结构复杂的情况下，某终端设备需要配电系统提供较大电流，从而使得电缆上损耗增加。为了减小损耗需要增大其横截面积，并增加重量。因此当负载需要大电流情况时，采用直流配电系统很难在提高效率与减小尺寸上取得权衡为了解决上述问题，工程师们提出了一种新型配电方式——HFAC 配电。

HFAC 配电系统是将电能以高频正弦的形式传递到负载，经研究与实验证实该配

电方式具有很多自身优势。其中高频运行条件下，系统变压器体积可很大程度上减小，且易于实现电气隔离保证负载安全运行，同时，暂态响应也得到提高，使系统可以及时有效地对负载变化进行调整。另外，在后级整流中由于功率转换环节的减少，系统效率也随之得到提高。

尽管 HFAC 配电系统优点明显，但同时也面临着一定的技术挑战。当系统运行在 20kHz 或更高频率时，作为传输高频电能的电力电缆会产生很大感抗。因此当传输几千瓦以上功率时，该等效阻抗会在母线上产生较大压降。这将对负载正常工作产生影响。在高频运行下，母线表面还会产生严重的集肤效应，致使电流流过的横截面积减小，进一步增加外线上损耗，此外，由于高频电磁辐射的存在，也会对其他设备正常运行产生干扰。上述原因造成 HFAC 配电系统在前若干年一直发展缓慢。

近年来，随着高频电缆和磁性材料的不断发展，以及用电设备对配电系统动态响应和效率的严格要求，HFAC 配电系统正以其自身优势受到越来越多场所的关注，同时在某些新兴领域，例如混合动力、微电网技术等方面，HFAC 配电方式的应用引起了人们广泛的关注。

二、高频交流配电系统发展现状

目前，为了满足高效的电力供应要求，配电系统母线应采用高压低电流方式传输能量以降低线路损耗。而随着芯片供电向着低压、大电流方向发展，传统 DCVRM 为了获得低电压，则要运行在很小的占空比下，这样直接导致系统效率降低，而采用 HFAC 配电方式，可通过高频变压器将高压变换成低压，再经 ACVRM 调节到负载所需电压。因此，自 NASA 提出 HFAC 用于空间站配电后，HFAC 正受到越来越多的关注。

（一）配电系统分类及发展现状

随着半导体技术以及器件开发工艺的不断提高，电气设备在数量和种类上明显增多，同时进一步增加了对电力供应的需求。目前，工业配电系统中依然采用传统的 DC/DC 配电方式，尽管直流配电方式的技术已经不断完善，但随着对快速暂态响应和高效率要求的逐渐提高，直流配电系统局限性日益突显。配电方式的发展可具体分为以下三类：

1. 集中式 DC/DC 配电系统

早期的电能配送方式一般采用集中式 DC/DC 配电系统。首先将电网中电能储存到蓄电系统中（典型电压值为 48V），然后经过 DC/DC 变换器将电平转换成各路负载需要的电出等级，再通过汇流排分别将电能传递到各路负载。

这种配电方式结构简单、易于实现，但同时也存在一定问题。首先，系统前端进行 DC/DC 变换后，流过汇流排的电流较大，这导致很多功率会以热的形式消耗，如果散热效果差，还会引起热集中，从而影响系统元件的使用寿命。

为了防止温度过高，一种方法是通过增大汇流排面积来降低导线阻抗，但这种方式却以增大 DC/DC 变换器空间为代价。另一种方法是通过加如额外的温控装置来控制温度，但这又增加了系统的复杂度，同时也提高了成本。而且远距离供电时，在导线上还会产生一定的压降，进而导致到达负载的电压低于额定电压。

2. 分布式 DC/DC 配电系统

目前，常用的电能配送方式是分布式 DC/DC 配电系统。它使用点电源方式来调节电压，即每路负载上分布在独立的电源模块，其作用是将用线上电压转换成各自所需额定电压，这种使用点电源体积小、功率密度大。

分布式 DC/DC 配电系统较集中式 DC/DC 配电系统有了一定进步。首先，由于各路负载采用了独立的电压转换模块，使得热量被平均分布在整个系统上，因此减小了热集中问题，同时也降低了对温控装置的依赖，其次母线上传输的是高压、低电流，因此在确保功率消耗降低的同时，也可适当减小汇流排面积，缩小系统体积。另外，采用了终端调压的方式，避免了导线上产生电压压降，从而保证了各路负载可获得所需额定电压。但是，分布式 DC/DC 也存在一定问题。其中最为突出的是成本问题。由于要保证单路负载突变而引起的浪涌电流不影响系统稳定工作，这就需要每路中附加额外电路来进行限流，从而增加了系统成本。

3. 分布式 HFAC 配电系统

分布式 HFAC 配电系统以其自身优势，具有未来替代分布式 DC/DC 配电系统的潜力。分布式 HFAC 是一种新型结构的配电系统，其主要一级为 DC/AC 高频谐振逆变环节。该环节将给定直流电压逆变成高频交流，然后通过谐振电路将方波电压滤成标准正弦波，经汇流排将功率传输到负载侧，最后由 ACVRM 调节成负载所需电压。

分布式 HFAC 配电系除包括分布 DC/DC 配电系统的一些优点（低损耗、均匀热分布以及合理电压调节方式）外，还具有其自身优点。首先系统在 ACVRM 中具有更少的功率转换环节，而环节的减少意味着系统在稳定性和效率上都会得到提高。此外，由于谐振电路的存在，还可以减小后级淤波电感，从而使系统具有更快的动态响应。以达到对负载突变进行及时地调节的目的；另一个相关优点是，谐振电路的存在可以省去额外限制浪涌电流的电路，从而简化系统结构并降低整体成本。

（二）HFAC 技术的发展现状

早期，工程师们提出的 HFAC 配电方式是以开关管斩波的手段，将直流电压变成方波，再经谐振电路转换成正弦波。Sood 和 Lipo 提出了一种脉冲密度调制的方法，即通过调节输出信号与基准信号的伏一秒面积差来控制交流母线电压幅值，与之对比，另一种是采用半桥 PWM 调方式来控制电压幅值，但此种方式中两开关管导通时间不对称，分析表明，经谐振获得的正弦波中会含有较多偶次谐波成分，加拿大女工大学 Praveen K.J 及其团队又进一步对拓扑结构和控制方式进行了优化，提出了全桥加谐振的逆变结构，并通过移相控制方式来对母线电压幅值进行调节，优点是，开关管都以对称方式导通、关断，可获得高质量正弦波；另外采用了移相的控制方式，还可以在输出与输入变化很大范围内，保证系统以较高效率运行。

为了满足用电设备对功率等级的不断需求，Praveen K.J 等人又提出了一种双级型混合谐振式 HFAC 配电系统，其中前级 DC/DC 变换器用来完成对母线电压的控制，后级半桥逆变器则完成对母线电压相位的控制。对相位的控制可以很好地抑制。多路逆变器并联时系统电路内部产生的环流问题是高系统功率密度。现在 HFAC 技术正向着更高频率下传递能量的方向发展。而在高频运行下，开关管的导通损耗会增加，同时也将产生高频噪音。为了解决上述问题，LHFAC 系统中引入了串并联谐振电路，来有效消除谐波及噪声干扰。

HFAC 的上述优势，在诸多领域都已展现广阔的应用前景。最早是由美国惠普公司将该项技术应用在了其产品（HP70000 频谱分析仪）上，其过程是将市电经整流（DC150V）、逆变成高频正弦电压（AC40kHz，30V），然后经交流电压调节模块调节成各路负载所需电压，FHFAC 具有开关损耗低、电应力小及辅助电源易于从高频变压器中获得等优点，近年在混合动力汽车郫动、汽车照明和汽车娱乐等方面受到了高度关注。此外，HFAC 配电系统因高频下无源设备体积小和电流谐波成分少等特点，在目前兴起的微电网技术中，引起了包括科研机构和企业的广泛关注。

第二节　HFAC 配电系统原理及控制方法

HFAC 作为一种新型的配电方式，由于其具有效率高、动态响应快等优点，近年来正受到越来越多的关注。HFAC 配电系统包括：前级 DC7DC 变换器，全桥/半桥谐振逆变器，高频交流母线以及 ACVRM。其中谐振逆变器用来产生母线高频正弦波，因此高频交流母线的运行频率取决于逆变器的开关频率，这种方法优于传统 SPWM 逆变器，首先可利用谐振电路滤除谐波，获得高质量正弦波；并在负载变化很大范围内，依然保证较高效率。此外，由于高频交流配电减小了后级滤波电感，从而加快了系统暂态响应，因此交流配电系统具有取代直流配电系统的潜在优势。本章主要介绍了高频交流配电系统的工作原理、拓扑结构及控制方法。

一、HFAC 配电系统的工作原理

高频交流配电系统的运行过程是采用逆变器与谐振电路相结合的方式。将直流电压转换成高频交流电出。再经高频电缆传输，通过 ACVRM 调节将电能传送给负载。

高频交流配电系统的电力供应源一般来自工频市电，首先经过整流、滤波变成直流电，然后通过前级 DC/DC 变换器的调节，得到高频电线所需的恒定直流电压。该直流电压经高频逆变器的逆变和谐振电路的滤波，在系统母线上获得高频交流正弦电压。最后通过 ACVRM 调节将高频交流电压转换成负载所需额定电压。一般情况下，交流母线上会并联多路负载，而当多路负载同时工作并需要较大功率时，为降低配电系统的负荷，可并联两路或多路高频逆变器来提高系统负载能力。

二、HFAC 配电系统的基本结构

（一）整流电路

整流电路的目的是将 220V/50Hz 市电整流成真流电，从而作为系统前级 DCZDC 输入。整流电路不仅可采用集成模块实现，也可根据实际需要通过分小元件搭建，由于整流电路由非线性二极管构成，因此经整流后尽管输入交流电压波形保持正弦，但其电流波形已发生严重畸变。呈脉冲状。

由于畸变电流中含有大量谐波成分，因此对电网和后级用电设备都会造成严重危害。目前，解决上述问题有两种方案：一种是无源滤波，直接在整流器与电容之间串联电感，其优点是方法简单、可靠，但滤波电感体积较大，获得高 PF 困难；另一种是有源滤波，采用 Boost 拓扑电路，通过专用控制芯片进行 PFC。其优点是 THD 低，PF 接近 1，但控制结构复杂，成本较高。

（二）市级 DC/DC 变换电路

HFAC 配电系统的前级 DCTDC 变换电路是对整流后的直流电压进行闭环控制，从而保证在输入电压变化的条件下，高频交流母线的正弦电压幅值依然可以保持恒定。

目前，DC/DC 变换技术已经发展非常成熟。主要包括升压型 Boost，降压型 Buck 和升 - 降压型 Boost-Buck。此外，还可在电路上增加隔离变压器，以满足输入与输出之间的电气隔离，并根据负载需要通过调节变压器匝比来控制其输出端也压。尽管这些拓扑结构存在差异，但工作原理类似，都是采用脉宽调制（PWM）方式完成控制。以降压型 Buck 变换器为例，由于传统 Buck 电路在续流时存在 0.5~0.7V 管压降。当导通电流很大时，会产生过多损耗，因此为了提高前级效率，采用同步 Buck 拓扑。

当 Q 导通时，输入侧向负载传递功率，乙线性增加。此时输出电容正向储能；当

Q 断开时，电感两端电压极性改变并通过 Q，向负载传递功率，此时乙线性降低。为了防止直通，Ql 与 Q 导通时间上应留有一定死区，在此间隔内由 U 体内二极管完成续流。输入电流由于晶体管，Ql 导通、关断的影响，因此是脉动的，而输出电流在储能电感大于某一临界值时，会保持连续。因此通过改变占空比心就可以实现对输出电压幅值的控制。

（三）高频逆变电路

高频逆变电路是 HFAC 配电系统的重要组成部分。首先将前级直流电压通过全桥或半桥式结构逆变成方波。然后方波经谐振电路滤波变换为标准正弦波，下面以半桥式逆变器为例进行简单介绍。半桥式逆变器驱动电路相对简单，成本低。与全桥式相比，减少一半开关管。使得逆变环节更加稳定、可靠。运行中，半桥式逆变器上、下桥臂的开关管各以 50% 占空比导通、关断。为了防止直通，可在两管切换导通时留有部分死区。该电路一方面可通过谐振的方式将方波滤成高质量正弦波；另一方面，当系统并联多路高频逆变器时，可通过 PPM 控制相位的方式，来保证传递到 HFAC 样线上的正弦波相位一致，从而避免内部产生环流，提高配电系统的效率。

（四）支流 VRM 电路

交流 VRM 电路是将 HFAC 母线上的功率经过一级整流变换，供给终端负载使用。在 AC/DC 环节，由于变压器可以直接将母线上的高频交流从变压器原端传递到副端，减少不必要的功率转换，因此使传递损耗降低，整体效率得到提高。另外，由于正弦波经过整流后较方波整流后含有的谐波成分少，因此可以减小或省去负载侧的滤波电感，从而可加快系统的动态响应，及时对输入或负载变化做出调整。

三、HFAC 控制方法

以 Buck 与半桥式逆变相结合的两级方式实现 HFAC 配电为例。同时，HFAC 配电系统包含两个独立的控制环路。

（一）电压幅值控制环路

利用前级 DC/DC 变换，将高频逆变器的输入电压调节到系统需要的电压等级，在输入电压或负载变化时，能够及时调节该环节开关管的占空比。从而实现对交流用线电压幅值的有效控制。为了提高系统动态响应，可在确保输出电压稳定的前提下，尽量减小滤波器电感、电容值，此外，根据负载实际需要，还可以对系统的母线电流进行闭环控制。

（二）电压和控制环路

当多路逆变器并联运行时，可采用脉冲相位调节（PPM）的方式来保证各路传递到母线上的电压相位相同。通过检测各路输出电压与参考电压的相位差，然后经相位调节环节，最终通过对半桥开关管的控制实现调节各路相位的目的。

相对于单级式，两级式 HFAC 具有如下优点：

1. 由于前级直流稳压环节的存在，使得后级谐振逆变器的开关管更容易实现软开关，从而在高频运行下减小了系统开关损耗。

2. 半桥两开关管的驱动信号为对称且 50% 固定占空比，因此经谐振电路滤波后，交流母线中的高次谐波含量更少，正弦波质量更高。

3. 幅值与相位的独立控制，使得 HFAC 配电系统可在负载和输入电压变化很大的范围内可靠运行，同时也减小了环流影响。

第三节　半桥谐振式高频逆变器研究

高频谐振逆变器是 HFAC 配电系统中的另一重要组成，它将前级直流电压通过逆变器变换成高频交流电压，再经谐振电路转换成正弦波。下面介绍几种高频谐振逆变电路，并对各种结构的优、缺点进行比较。在此基础上，介绍了串并联谐振参数的计算，分析该种逆变器的工作原理及控制方法，并通过 Saber 仿真验证设计的正确性。

一、谐振式高频逆变电路分析

（一）谐振高频逆变器优势

高频谐振逆变器是由半桥或全桥电路与 L-C 谐振电路组合而成。它的工作过程为：将自流输入经逆变、谐振作用变成高频正弦信号，通过高频变压器将其传递到母线上为后级负载供电。在 HFAC 中，采用谐振式逆变器主要考虑以下几个因素：

1. 总谐波畸变率（THD）

降低 THD 会使高频母线传输功率过程中造成的损耗减小，同时也降低了高频干扰，实验表明，采用高阶、高品质因数 Q 的谐振电路可以满足要求 C 同时包含串联电感，电容 CS 以及并联电感，电容 Q 的谐振电路具有更好的滤波特性。

2. 快速的动态响应

分布式配电的典型负载是计算机或通信系统，而随着处理器速度的不断增加，对大供电方式的要求也在不断改变。在满足大电流供电的前提下，对电流的调整速度及电压控制精度上也都有了严格要求。由于高频谐振逆变器的输出为"干净的"正弦波，因此后级 VRM 中的滤波电感可以减小。电感量的减小，使得在负载或输入变化的情况下，系统能够快速做出调整，从而保证母线电压恒定。

3. 减少损耗，提高效率

在高频谐振逆变器中，通过调整谐振频率与开关频率的关系，可以很容易实现软开关技术，在开关管高频运行条件下，导通损耗与频率成正比，因此实现 ZVS 可以很大程度上减少损耗，提高系统效率。另外，如果母线电压采用 r 脉冲相位调节（PPM）的控制方式，则可采用多路高频逆变器并联的方式为 HFAC 母线供电。这种并联方式减轻 r 设备电应力，提高了系统使用寿命，从而也节省了成本。

（二）几种谐振式高频逆变器比较

高频谐振逆变器主要分为两类：一类是单级型谐振逆变器，另一类是两级型谐振逆变器。其中单级型谐振逆变器又包括不对称 PWM 控制的半桥谐振逆变器（SSRIJ）和移相 PWM 控制的全桥谐振逆变器（SSRL2）。而两级型谐振逆变器（TSRD 主要是由 DC/DC 变换环节加谐振逆变环节构成。

1. SSRL1 结构分析

SSRIJ 是由半桥式：拓扑经 A、B 两点与谐振电路连接而成。半桥上、下两开关管的交替导通，将输入直流电压斩成方波，再经谐振滤波成正弦波。当开关频率大于交流滤波器的谐振频率时，谐振阻抗呈感性，此时谐振电流落后于斩波电压。保证落后的相位足够大，便可使上、下开关管工作在 ZVS 状态下，从而减小导通损耗。

但由于 SSRL1 采用非对称 PWM 控制方式调节母线电压，因此斩波后的电压方波不对称，从而使最终逆变器输出波形中含有较多偶次谐波。偶次谐波对系统稳定性有非常大影响，因此必须采用更为复杂的滤波器将其滤掉，另外由于母线电压幅值是通过占空比进行调节。而母线电压相位也与占空比 6 关因此当负载或输入电压变化时，在调节幅值的同时，电压的相位也随之改变。在 SSRL1 中，由于输出电压的相位没有进行调节，致使很难实现多路逆变器并联同时为 HFAC 母线供电，因此只能工作在单路逆变器多负载条件下。

2. SSRL2 结构分析

SSRL2 拓扑实际是用全桥逆变结构取代 SSRL1 中的半桥结构，通过 A、B 两点与谐振也路相连。

由于逆变器采用全桥结构，其变压器每次传递功率是半桥结构二倍，因此全桥谐振逆变器可运用在中功率等级下。另外该拓扑采用对称 PWM 控制方式，输出电压波形中含有很少的偶次谐波，因此也可采用串并联谐振方式进行滤波，简化滤波电路结构且提高母线正弦波质量。然而该结构并没有控制输出电压相位，因此也只能以单路逆变器为母线供电。

3. TSRI 结构分析

第二类谐振逆变器包含两级结构。前级为 DC/DC 变换器，用来调节和稳定母线电压；后级为 DC/AC 高频逆变器，用来控制母线电制相位。

后级采用 50% 对称 PWM 信号驱动上下开关管，使电压输出波形为对称方波。由于不含有偶次谐波分量，因此可简化交流滤波器结构。另外，由于逆变器具有前馈和反馈控制，因此在负载和输入电压变化很大范围内仍具有良好调整特性。而且，此种结构还可采用 PPM 控制方式对输出电压相位进行调节，以达到多路逆变器并联运行的目的。根据上述分析，再结合输出波形质量、滤波器结构以及供电功率等级等因素。

二、TSRI 谐振中电感、电容参数设计

本节所说的谐振电路采用串并联结构，包括串联谐振电感 4、谐振电容 C。其中谐振电路的输入阻抗 Znl 是呈现感性、容性还是阳性，主要取决于电路参数与运行频率的关系。在串联谐振电路中，当谐振频率 α 小于运行频率 4 时，串联谐振呈感性阻抗；在并联谐振电路中，当谐振频率 4 大于运行频率时，并联谐振也呈感性阻抗。因此，串联谐振的频率选为 0.95 倍的运行频率，并联谐振的频率取为 1.2 倍的运行频率，以此保证开关管运行在 ZVS 状态下。

三、输出电压相位控制分析

谐振逆变器的相位控制分为三个阶段：相位检测环节，相位控制环节和脉冲相位调节环节（PPM）。

（一）相位检测环节

定义谐振逆变器的参考正弦信号上的幅值为上，相角为多，并且该值为常量，G 为逆变器的开关频率。

（二）PPM 设计

脉冲相位调制的逻辑驱动电路，由 D 触发器、R-S 触发器、比较器以及异或门构成。PPM 输入信号包括：载波信号 V（锯齿波），以及相位调制信号 Vp。其中开关管的驱动信号是由载波信号调节相位调制信号而获得，下管驱动信号为互补、50% 占空比。此外，电平 VCIK 与载波信号共同作用来确定 D 触发器的时钟频率。当多路逆变器并联为时线供电而相位不同时，可通过 PPM 控制来改变门极驱动信号的相位，从而达到电压输出相位保证一致的目的。

（三）小信号分析

由于在相位检测环节使用了乘法器，因此采用 PPM 控制相位的谐振逆变器为出线性数学模型。为了便于设计 PPM 控制器，因此需要将其转化为线性化数学模型来分析。

输出电压与基准信号的相位差，可由两信号经乘法器和一级低通滤波器来获得。在稳态工作点附近，两信号的相位差非常小，因此经过滤波后的相位误差与两信号相位差之间存在线性关系。

第四节　HFAC 在各个领域的应用

一、HFAC 在空间系统中的应用

美国国家航空航天局（NASA）Lewis 研究中心于 1983 年在自由号空间站计划中试图利用 HFAC 进行配电，这是采用 HFAC 进行电能分配的最早尝试之一。当时预计航天器系统中的电力需求会不断增长，估计到 2000 年达到兆瓦级。该项预测是基于将会出现更大的航天器和空间站，如航天飞机和国际空间站项目等。现有的基于立流的电力系统被认为存在制约，主要原因是为了降低损耗，所用钢芯电缆的重量过大。

但是，高频运行会带来额外的挑战，例如更严重的电磁干扰问题和线路间的期合问题。这促使新型电力电缆的设计，要求这种新型电缆在承载高频电流的情况下不会产生严重的集肤效应和邻近效应。这种新型电缆还必须具备较低的感抗，以使电压降落和辐射的磁场最小化。

Sood 和 LiPo 提出另外一种应用于航天技术的 20kHz HFAC 系统。该系统采用半桥或全桥的谐振变流器作为接口变流器来进行电网的互联。

一种被称为面积比较脉冲密度调制（AC-PDM）的脉冲密度调制（PDM）策略被用于控制输出电力的幅值，面积比较是指使参考信号和合成输出信号的伏秒面积差最小化。利用 20kHz 正弦波形的半个周波作为基本的构建模块，脉冲密度调制能合成任意的输出信号波形，并对大多数应用具有足够的分辨率，一个并联在交流链节上 LC 储能电路能用于应对突发的电能需求，而跨接在克流链节上的大电容也具有类似的功能，另一种低功率应用场合的 HFAC 电力系统是由 Jain 和 Tanju 提出的，它采用"混合型"即双调谐的谐振逆变器，混合型谐振逆变器系统的目的是满足国际空间站移动服务系统所用电源的稳态运行需要。移动服务系统的关键性要求是负载变化时都能保持高效率，具有良好的电压调节性能和很低的谐波畸变率。它采用基于 PWM 的方法来实现 AC/AC 变流，即通过产生一个斜坡函数并与电压阈值做比较来确定脉冲的宽度，该斜坡函数信号与阈值信号进行比较。如果斜坡电压大于阈值电压，就产生一个零电压命令信号。FFO 脉宽的角度可以很容易通过信号 SON 和 SOFF 来确定。逆变器的输出由双极性的电压准方波脉冲组成，并送到一个串并联谐振的 LC 滤波器上，通过该滤波器的谐振作用将谐波滤除。得到一个"干净的"和"恒定的"20kHz 正弦波输出。该系统的另一个优点是，在很大的负载变化范围内都能保持很高的效率，这是一个关键性的要求。

Jain 等人进一步开发了一类新的 AC/DC 变流器，这种变流器适用于高频单相正弦波配电。其目标应用场合与前述的空间站计划非常相似。这种应用场合的特别要求包括：单位功率因数，重量轻、体积小，输出电压可控。这里的谐振网络由一个串联电抗器 4 和一个串联电容器 CS 组成。工作时，高频正弦波通过输入变压器 T 注入该谐振网络。该谐振网络的调谐方式是，基频下表现为低输入阻抗，谐波下表现为非常高的输入阻抗。

二、HFAC 在通信系统中的应用

类似于空间系统，通信系统中的配电基本上采用直流方式。虽然直流配电系统在通信领域已经成为一种成熟技术，但未来日益增长的负载水平和复杂程度，以及对可靠性和结构紧凑性的更高要求，已对立流配电系统提出重大挑战。这促使人们探索可替代的配电方式来满足未来的这些挑战。

然而，首先应当对现有的直流系统进行研究并了解其局限性。已在使用的配电方式有两种：集中式 DC/DC 和分布式 DCZDC。集中式 DC/DC 配电系统容易实现，它通过一个变流器将 48V 的蓄电池电源，按照不同系统差异的要求变换为不同的输出电压。然而，这样的结构存在一些问题，如经过母排或底板进行分配的电流可能很大，从而需要采用更大的导体来抵消附加的功率损耗；否则，就会产生过多的热量。另一个相关的问题是，在大电流负载情况下，输出电压的导线上会产生电压降落，这需要通过遥测电压才能进行补偿，因而增加了额外的电路。

由于系统复杂程度的不断增加，故障的风险也相应增加，因此在不同层级上缓解这些风险就变得至关重要。供电系统故障是整个系统失效的最常见原因之一。为了提高 DC/DC 供电的可靠性，在输出端并联一个类似的功率变流器作为备用是十分必要的。由于这些变流器都是采用二极管或门方式来实现，当二极管导通时，就会产生更多的电压降落和损耗。所有这些损耗导致变流器的整体效率降低，并且增加了元器件的额外空间和成本。为了连接备用电路，还需要额外的沉重的导体。发热管理也是一个很重要的领域。电能转换中的热量主要由 DC/DC 变流器产生，这可能会造成某些局部过热点，需要大状的强制空气冷却或其他类似的发热管理措施。对于配电系统中热插拔的系统长，还需要使用限制浪涌电流的电路。

另一种配电方式是分布式 DC/DC 配电系统。48V 的蓄电池电源不通过任何功率变换环节直接分配到每块系统卡。每块系统卡上装有专用的 DC/DC 变流器来完成功率转换并输出合适的电压。该种 DC/DC 变流器被称为使用点电源（PUPS），另一种替代方案是将一个独立的电路板型功率模块安装在系统卡上。

这种方式的优势是发热具有分散性，因为热量不是由一个集中式的 DC/DC 变流器产生的。另外，它还具有更好的负载调节性能，因为输出电压是在系统卡内部产生的，没有电压降落。由于大负载电流被限制在系统卡内部，因此相比于集中式 DC/DC 系统，连接系统卡输入的导体和连接器可以在尺寸上做得更小。

然而，这种方式的缺点是，为在每块系统卡上实现专用的 PUPS，因而成本较高。此外，为了热插拔，在每块系统卡上仍然需要涌流限制电路，从而增加了系统的整体复杂度和成本。

因此，可以看出，现有的直流配电系统为了应对未来通信系统对功率需求的不断增长及在可靠性和简单化方面的更高要求，已面临重大的挑战，为了解决直流配电的限制，Drobnik 提出了一种高频交流配电系统。该高频交流配电系统的结构采用一个能产生 128kHz、60V 正弦波输出电压的集中式 DC/AC 变流器。高频功率通过母排或底板分配。在系统卡上有一个简单的 AODCPUPS 变流器，将交流功率转换为所需要的直流电压输出。该 AC/DC 变流器仅仅是一输入端带串 LC 谐振支路的变压器全波整流器。该谐振支路能保证良好的负载调节性能并能限制涌流，由于没有 LC 低通滤波器，瞬态响应特性优良，因此，这种 HFAC 配电系统既有简单和发热分散的优点，又解决了涌流问题。

由于在主 DC/AC 逆变器和 AC/DCPUPS 中使用了谐振电路。在不需额外电路的情况下本身就能限制浪涌电流。与集中式 DC/DC 和分布式 DC/DC 配电系统相比。AC/DC 变流器需要的元器件数目较少，从而具有更高的可靠性，因此作为备用目的的并联输出是没有必要的。

对于最简单的 AC/DCPUPS，只存在一级功率转换，即 AC/DC 转换。其中只存在不可避免的变压器铁耗和铜耗以及输出二极管中的整流功率损耗。由于只存在单级功率变换，与 DC/DC 变流器相比，损耗较小，因而效率较高。

在 HFAC 配电系统中，很容易实现无连接器的功率传输。在一个通信电源系统中，HFAC 链节与变压器的一次侧相连，而变压器的二次侧固定为系统卡的输入。这在故障情况下具有电气隔离的优势，从而增加了可靠性。

此种通信用 HFAC 配电系统的技术细节是由 Jain 和 Pinheiro 基于双调谐串并联谐振逆变器提出的，采用了一种新的 AC/DC 变流器。该系统试图将恒压型系统和恒流型系统的优点结合起来，而去掉它们的缺点。

据报道，恒压系统在电磁干扰和效率方面从低载至满载都具有较好的性能，但不能实现无连接器功率传输——而恒流系统被认为有助于实现无连接器功率传输，但其电磁干扰较严重，并且只有在高负载情况下具有高效率。

三、HFAC 在计算机和商用电子系统中的应用

很多领域涉及"高频低频"，它指频率（frequency）的高低，一般而言是指物理中。的各种振荡，而电脑上电源、硬盘、内存、显卡、CPU 都存在频率，其中电源和硬盘都是比较稳定的不会随意更改，所以高频低频一般是指内存、显卡和 CPU 的频率。频率越高，运算速度越快，性能就越好。而实际使用过程中并不需要它一直满负荷运算，所以现在不论是英特尔还是 AMD，都已经为 CPU 加入了类似于智能控制、动态调节主频，这样可以减少发热量，降低功耗。当需要处理任务的时候，CPU 就自动调高主频，空闲时也自己调低主频。

在商业部门实现 HEAC 配电结构（DPA）的第一个已知案例是在 1994 年，由惠普公司在其 HP70000 系列频谱分析仪中使用。该系统是一个模 块化的系统，由一个主机和多种插件式测量模块组成。该主机有一个晶闸管逆变器。其输入为从交流电源整流后得到的 I47V 直流电压，通过该逆变器，为所有插件式模块提供一个可调节的 27V、40kHz 正弦波电压。插件式模块中的负载功率变流器是一个由变压器隔离的整流器，该整流器带有 LC 输出滤波器，而输出电压调节精度的提高则通过一个线性调节器来实现。

1996 年，惠普公司赞助 Virginia 电力电子中心（VPEC）对 HFAC 作为商业用配电结构的潜在用途做进一步研究。Walson 等人提出将一个 400W、300kHZ 的梯形波电压作为首选的规范来替代正弦波电压，并断言使用梯形波的诸多好处。虽然正弦波形具有坡低的谐波含量。但为了在负载的整个变化范围内保证正弦波形的低谐波畸变率和高功率因数。所遇到的挑战是复杂度大大提高，而采用梯形波就能简化变流器的设计并达到令人满意的效果。尽管谐波畸变不如纯正弦波形那样好，但是，通过控制梯形波的软开关转换时间，使其转换时间占开关周期的 10%~5%，就能将谐波限制在可接受的水平。梯形波在不同的转换时间下相对应的谐波功率含量不同，通过改变软开关转换的时间，可以将谐波含量有效地控制在一个希望的水平。此外，方波或梯形波逆变器从输入到输出的电压变换率不依赖于负载条件，这是与基于正弦波的逆变器不同的。最后，梯形波逆变器不像正弦波逆变器那样需要一个谐振回路；因此，逆变器电路可以得到简化并更加经济。

四、HFAC 在微电网中的应用

微电网（或简称微网）是现代电力框架下一种新兴的电能分配形式，放松管制的政策和对环境保护的关注，鼓励开发终端用户附近的分布式电源，微网包含很多被称

为微电源的小型电源。这些电源通常来源于可再生能源。如小型风力发电机组、太阳电池板和燃料电池等。微网的功率等级小至千瓦以下，大到数兆瓦，并作为独立可控的系统为某局部区域提供电力和热能。但是，它既可以独立运行，也可以接入电网运行。这些条件为 HFAC 技术的应用提供了一个理想的示范平台，该平台可以包含楼宇服务负载，如压缩机电动机、照明负载等；另外，与电网的接口问题也可在该平台中展示。2003 年以来，Chakraborty 等人已对 HFAC 应用于单相微网的配电进行了研究。他们的研究表明，用 HFAC 连接的微网与用 50/60HZ 交流连接或用直流连接的微网相比，具有如下优点：

（1）在高工作频率下电能质量容易提高；

（2）如果连接的频率高于 20kHz，可闻噪声可以降至最小；

（3）对荧光灯负载，发光效率会提高，闪烁会减少，调光也更易实现；

（4）高频感应电动机的应用成为可能；

（5）电动机中的谐波电流会减小，效率提高；

（6）可利用软开关技术来减小功率损耗，并可以使用低功率等级的开关器件；

（7）电力变压器、滤波器中的电抗器和电容器，在数值和尺寸上都可以做得更小；

（8）由于是交流连接，与直流连接相比，辅助电源更容易设计，其成本更低，且元器件数量更少，从而有利于系统集成。

参考文献

[1] 华鹏. 电力工程技术在智能电网建设中的应用研究 [J]. 中文科技期刊数据库（文摘版）工程技术，2022（11）: 3.

[2] 王晋，刘建虎，王亮. 电力工程技术在智能电网建设中的应用实践 [J]. 中国科技期刊数据库 工业 A，2022（5）: 4.

[3] 李滔. 电力工程技术在智能电网建设中的应用 [J]. 电力设备管理，2023（5）: 3.

[4] 厉媛媛. 电力工程技术在智能电网建设中的应用研究 [J]. 光源与照明，2022（8）: 3.

[5] 李晓森. 电力工程技术在智能电网建设中的应用 [J]. 价值工程，2022，41（15）: 3.

[6] 王吉超，李敬. 智能电网建设中电力工程技术的应用 [J]. 电力设备管理，2022（14）: 131-133.

[7] 苏艳萍. 智能电网建设中电力工程技术的应用 [J]. 电力设备管理，2022（24）: 4.

[8] 许敏哲. 电力通信及其在智能电网中的应用 [J]. 电子乐园，2022（3）: 0013-0015.

[9] 南金勇. 电力工程技术中智能电网建设应用 [J]. 2022（12）.

[10] 刘庆海. 电力工程技术在智能电网建设中的运用 [J]. 数码设计（上），2022（012）: 000.

[11] 李波. 城市智能电网故障的在线监控 [J]. 工程技术（文摘版），2022（11）.

[12] 谢芳明. 基于电力工程技术在智能电网建设中的应用探索 [J]. 中国科技期刊数据库 工业 A，2022（10）: 4.

[13] 梅松. 电力工程技术在智能电网中的应用分析 [J]. 中文科技期刊数据库（全文版）工程技术，2022（5）: 4.

[14] 陈明亮. 智能电网建设中电气工程及其自动化技术的探究 [J]. 中文科技期刊数据库（全文版）工程技术，2023（1）: 4.

[15] 李晗，李宁. 智能电网中的输变电技术应用 [J]. 中文科技期刊数据库（全文版）自然科学，2022（8）: 4.

[16] 王吉林，宫青青. 关于电力工程中电力工程技术应用分析 [J]. 中文科技期刊